职业教育大数据技术与应用专业系列教材

Spark 大数据处理技术

主　编　辛立伟　唐中剑

副主编　唐美霞　张　磊　任　刚　饶志凌

参　编　余姜德　熊　建　陈位妮　向　冲
　　　　郜广兰　王晶晶

机 械 工 业 出 版 社

本书通过两个基本项目介绍了 Scala 语言的基本语法、函数式编程、高阶函数、模式匹配等相关知识和技术；通过 12 个实训项目，介绍了 Spark 的技术栈，内容涵盖 Spark Core、Spark SQL、Spark 结构化流和 Spark 机器学习库等相关模块和技术。每个项目相对独立、完整，分为若干个任务，围绕具体的任务来介绍相关的理论知识，并进行应用分析，有利于读者更好地理解、掌握课程知识。

　　考虑到职业教育的特点以及大数据发展的趋势，本书的理论知识以实用、够用为主，不追求面面俱到，同时又保持一定的技术先进性和前瞻性。

　　本书适合作为高职高专院校计算机及相关专业的教材或参考书，也可作为程序员、数据分析师、相关专业学生以及想进入大数据处理技术行业的读者学习的参考用书。

　　本书配有电子课件、源代码等教学资源。教师可登录机械工业出版社教育服务网（www.cmpedu.com）注册后免费下载或联系编辑（010-88379807）咨询。

图书在版编目（CIP）数据

Spark大数据处理技术/辛立伟，唐中剑主编. —北京：机械工业出版社，2021.6
（2024.1重印）

职业教育大数据技术与应用专业系列教材

ISBN 978-7-111-68148-9

Ⅰ. ①S… Ⅱ. ①辛… ②唐… Ⅲ. ①数据处理软件—高等职业教育—教材

Ⅳ. ①TP274

中国版本图书馆CIP数据核字（2021）第082007号

机械工业出版社（北京市百万庄大街22号　邮政编码100037）
策划编辑：梁　伟　　责任编辑：梁　伟　张星瑶
责任校对：聂美琴　　封面设计：鞠　杨
责任印制：张　博
北京建宏印刷有限公司印刷
2024 年 1 月第 1 版第 3 次印刷
184mm×260mm · 11.75印张 · 240千字
标准书号：ISBN 978-7-111-68148-9
定价：39.00元

电话服务　　　　　　　　　　网络服务
客服电话：010-88361066　　　机 工 官 网：www.cmpbook.com
　　　　　010-88379833　　　机 工 官 博：weibo.com/cmp1952
　　　　　010-68326294　　　金 书 网：www.golden-book.com
封底无防伪标均为盗版　　　　机工教育服务网：www.cmpedu.com

前言 PREFACE

本书特点：

考虑到职业教育的特点，本书的理论知识以实用、够用为主，不追求理论深度和面面俱到。本书以项目为驱动，采用项目任务式的编写方式，每个基本项目相对独立、完整，分为若干个子任务来完成，有相关的理论知识介绍，有知识的应用分析，还有具体的任务实施步骤和关键代码。又兼顾到大数据技术的快速发展，本书的内容又有一定的前瞻性，以保持技术领先。

本书共6个单元。学习单元1介绍Spark的主流开发语言Scala，深度以支撑Spark学习为限，包括Scala的基本语法、函数式编程、高阶函数使用、模式匹配等相关内容，通过两个项目让读者掌握Scala开发环境搭建以及Scala编程应用。学习单元2介绍Spark的集群搭建和开发环境准备，包括Spark Shell、Spark submit、Zeppelin、IntelliJ IDEA等各种开发工具的使用，通过4个项目让读者能够独立搭建Spark大数据开发和运行环境。学习单元3通过"电商网站用户行为分析"和"分析电影评分数据集"项目，介绍了Spark的核心——RDD，以及对RDD进行的操作和各种算子。学习单元4包括两个项目，分别是"分析电影数据集"和"分析银行客户数据"，分别介绍了Spark SQL中DataFrame数据结构的使用，应用SQL对大数据进行分析，并介绍了如何对分析结果进行可视化的技术。学习单元5着重介绍Spark中的实时处理模块，即结构化流处理技术，通过"实时检测与分析物联网设备故障"和"股票仪表板实现"项目，介绍了如何将Spark结构化流应用到实时计算场景，并掌握Kafka和Spark流整合的技术。学习单元6则通过两个项目让读者掌握应用Spark进行探索性数据分析和探索性数据可视化的技术，以及对数据进行整合、清洗和转换的处理技术和流程。

读者对象：

本书面向高职高专计算机、信息管理和大数据等相关专业的学生，可以作为专业必修课或选修课的教材。另外本书也适合各大中专院校、培训机构以及想通过自学掌握大数据处理与分析技术的读者。

配套资源：

本书配有电子课件、源代码等教学资源。

教学建议:

单　元	理 论 学 时	操 作 学 时
学习单元1	4	4
学习单元2	4	4
学习单元3	4	4
学习单元4	4	4
学习单元5	4	4
学习单元6	4	4

编写队伍:

本书由辛立伟、唐中剑任主编,唐美霞、张磊、任刚、饶志凌任副主编,参与编写的还有余姜德、熊建、陈位妮、向冲、郜广兰和王晶晶。其中,唐中剑编写了学习单元2,唐美霞和张磊编写了学习单元3,任刚和郜广兰编写了学习单元1,饶志凌和陈位妮编写了学习单元4,余姜德、熊建和向冲编写了学习单元6,辛立伟和王晶晶编写了学习单元5。北京西普阳光教育科技股份有限公司在教材编写过程中提供了大量技术支持和真实的案例。

由于编者水平有限,书中难免存在错误和不妥之处,恳请读者批评指正。

编　者

目录 CONTENTS

CONTENTS

Unit 1

学习单元 1

单元概述

本学习单元主要讲解如何使用Scala语言进行代码编写和程序开发。本学习单元由两个项目组成。

◈ 项目1：搭建Scala开发环境
◈ 项目2：实现一个简单的商品管理系统（CMS）

通过本学习单元的项目学习，读者能够顺利搭建Scala开发环境，并具备基本的Scala语言编程能力，能够应用Scala语言来实现简单的信息管理系统。

学习目标

通过本单元的学习，达成以下目标：

◈ 掌握Scala开发环境搭建
◈ 理解Scala基本语法
◈ 掌握应用Scala语言进行程序开发的能力

搭建 Scala 开发环境

项目描述

"工欲善其事，必先利其器"。要使用 Scala 开发软件，开发工具包（SDK）和好的集成开发环境（IDE）必不可少。因此，本项目需要完成以下 3 个任务。

* 安装 Scala 开发工具包（SDK）
* 使用 Scala 解释器（REPL）
* 安装集成开发工具（IDE）

任务 1 安装 Scala 开发工具包（SDK）

任务分析

本任务的学习是基于 Windows 操作系统。因此，要从官网下载 Scala SDK 安装包，并在 Windows 操作系统上安装。

任务实施

在 Windows 下安装和配置 Scala 的步骤如下：

1）首先从 Scala 的官网（http://scala-lang.org/）下载安装包。本任务使用的是 Scala 2.11.11，如图 1-1 所示（注意选择 Windows 版本下载）。

Archive	System	Size
scala-2.11.11.tgz	Mac OS X, Unix, Cygwin	27.74M
scala-2.11.11.msi	Windows (msi installer)	110.04M
scala-2.11.11.zip	Windows	27.79M
scala-2.11.11.deb	Debian	76.61M
scala-2.11.11.rpm	RPM package	108.81M
scala-docs-2.11.11.txz	API docs	46.35M
scala-docs-2.11.11.zip	API docs	84.49M
scala-sources-2.11.11.tar.gz	Sources	

图 1-1 下载 Scala

2）将下载的安装包解压缩到指定的位置。例如，把它解压缩到 C 盘的根目录下，如图 1-2 所示。

3）Scala 的目录结构如图 1-3 所示。

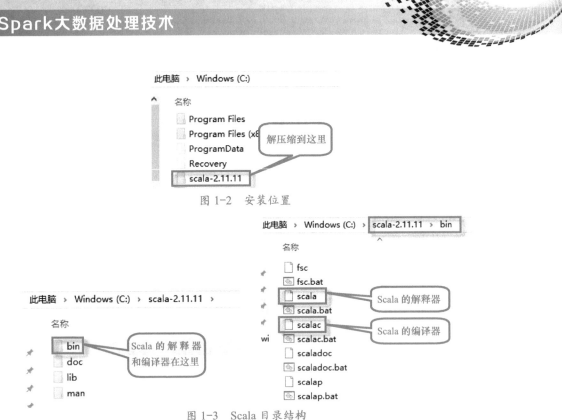

图 1-2　安装位置

图 1-3　Scala 目录结构

4）配置环境变量。右击"我的电脑"，在弹出的菜单中选择"属性"→"高级系统设置"→"高级"→"环境变量"选项，如图 1-4 所示。

图 1-4　Scala 环境变量配置过程

5）在打开的环境变量配置窗口中，选择下方的"系统变量"窗口，先创建"SCALA_HOME"环境变量，设置其变量值为刚才 Scala 解压缩后的主目录地址，如图 1-5 所示。

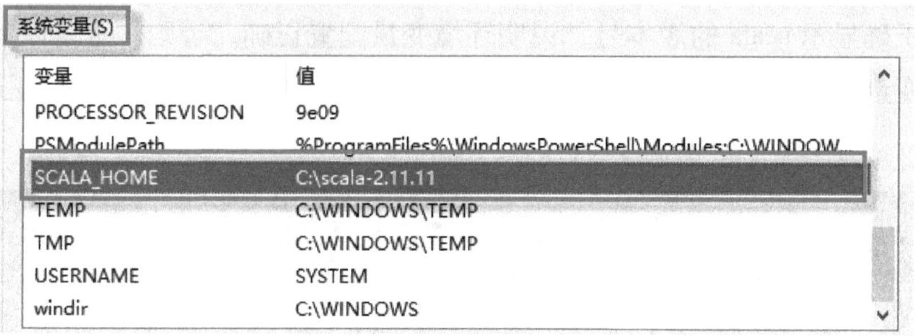

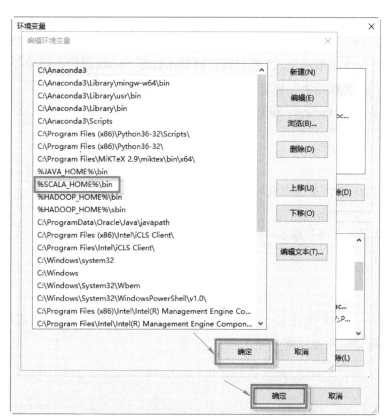

图 1-5　设置 Scala 环境变量值

6）接着在"系统变量"窗口中找到 PATH 变量，双击打开，在其原有值的最前方添加内容（一定不要删除或修改已有的值），如图 1-6 所示。添加的内容为 Scala 安装目录下的 bin 目录，目的是告诉操作系统 Scala 程序的编译器和解释器的位置。然后一直单击"确定"按钮，保存环境变量的设置。

图 1-6　为环境变量配置 Scala bin 目录

7）验证安装是否成功。打开命令行窗口（终端窗口），分别键入以下命令（说明：

scalac 是 Scala 的编译器，scala 是 Scala 的解释器）。

```
scalac -version
scala -version
```

如果能正确显示 scala 的版本号，说明环境变量配置正确。否则，重复以上的步骤并重新检查环境变量配置的路径、大小写及标点符号（英文半角）是否正确。验证过程如图 1-7 所示。

```
C:\>scalac -version
Scala compiler version 2.11.11 -- Copyright 2002-2017, LAMP/EPFL

C:\>scala -version
Scala code runner version 2.11.11 -- Copyright 2002-2017, LAMP/EPFL

C:\>
```

图 1-7　验证过程

必备知识

Scala 是一种非常适合开发大数据应用程序的语言，是使用 Apache Spark 的首选语言。首先，开发人员可以使用 Scala 显著提升开发能力；第二，它帮助开发人员编写健壮的代码，减少 bug；第三，Spark 是用 Scala 编写的，因此 Scala 非常适合开发 Spark 应用程序。

Scala 运行在 Java 虚拟机上，并兼容现有的 Java 程序。Scala 源代码被编译成 Java 字节码，所以它可以运行于 JVM 之上，并可以调用现有的 Java 类库。

Scala 可以安装在 Windows 和 Linux 操作系统下。

任务拓展

请尝试在 Linux 操作系统下安装 Scala。

任务 2　使用 Scala 解释器（REPL）

任务分析

Scala 提供了一个 REPL 工具，叫作 Scala Shell。可以使用 Scala Shell 进行交互式编程，这对于学习 Scala 语言来说非常方便。

任务实施

1）在终端窗口输入以下命令进入 Scala Shell。

```
$ scala
```

2）按 <Enter> 键进入 Scala Shell 界面，如图 1-8 所示。

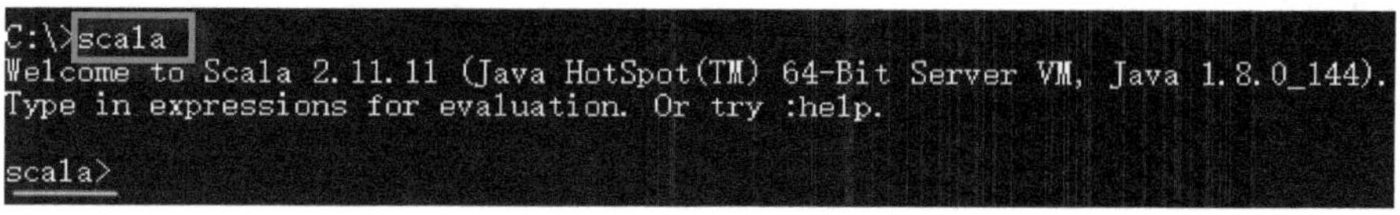

图 1-8 Scala Shell 界面

3）在这个界面中，可以交互式地执行 Scala 语句，如图 1-9 所示。

图 1-9 Scala 交互执行代码

4）在输入每个 Scala 语句后，它会输出一行信息，由 3 个部分组成。其中输出的第 1 部分是 REPL 给表达式起的变量名。在这几个例子里，REPL 为每个表达式定义了一个新变量（res0 ～ res2）。输出的第 2 部分（冒号后面的部分）是变量的数据类型，比如字符串是 String 类型，整数是 Int 类型。输出的最后一部分是表达式求值后的结果，也就是变量的值，如图 1-10 所示。

图 1-10 定义 Scala 变量

5）如果要退出 Scala Shell，输入 ":q" 或 ":quit" 命令即可。

scala> :q

必备知识

Scala 解释器读到一个表达式，对它进行求值并打印出来，再继续读下一个表达式。这个过程被称为"读取→求值→打印→循环"，即 REPL。

从技术上讲，Scala 程序并不是一个解释器。输入的内容被快速地编译成字节码，然后这段字节码交由 Java 虚拟机执行。正因为如此，大多数 Scala 程序员更倾向于将它称为"REPL"。

任务 3　安装集成开发工具（IDE）

任务分析

学习 Scala 语言可以使用 REPL，但开发 Scala 应用程序，则需要一个功能强大的集成开发环境。本任务将学习使用集成开发工具 Scala IDE 来开发 Scala 程序。

任务实施

安装和使用 Scala IDE 的步骤如下：

1）从官网下载 Scala IDE，然后解压缩到指定位置。双击打开 Scala IDE，新建一个 Scala 项目，如图 1-11 所示。

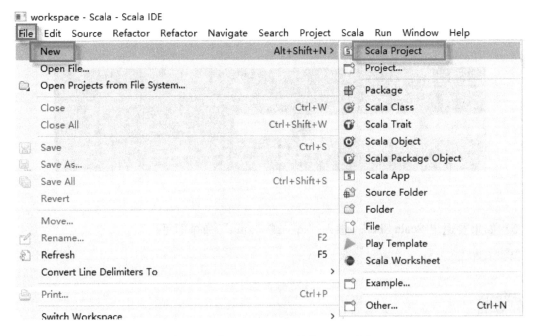

图 1-11　使用 Scala IDE 创建 Scala 项目

2）输入项目名称"HelloProj"，然后单击"Finish"按钮，如图 1-12 所示。

图 1-12　为项目指定名称

3）右击项目的源目录（src 目录），选择"Scala Object"菜单项，新建 Scala Object 文件（即为 Scala 源代码文件），如图 1-13 所示。

图 1-13　选择创建 Scala Object

4）在打开的"New File Wizard"新文件向导窗口中，输入程序的名称（包名＋类名），如 com.xlw.HelloWorld，然后单击"Finish"按钮，创建包含 main 方法的主程序，如图 1-14 所示。

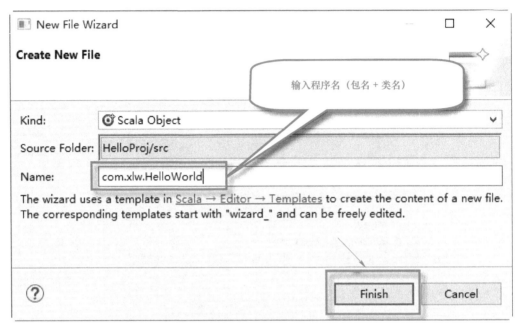

图 1-14　指定 Scala 类名

5）在编辑窗口打开 HelloWorld 源文件（双击打开），如图 1-15 所示。

图 1-15　打开 HelloWorld 源文件

6）在打开的源文件中编辑源代码。代码编写完成后，单击 IDE 上侧工具栏中的绿色按钮执行程序，如图 1-16 所示。

图 1-16　编辑 Scala 程序代码

7）程序运行结果会出现在 IDE 下方的 Console（控制台）中，如图 1-17 所示。

图 1-17　Scala 运行结果显示在 Console 控制台

必备知识

一个独立的 Scala 应用程序需要具有一个带有 main 方法的单例对象。这个 main 方法接收一个类型为 Array[String] 的输入参数，并且不返回任何值。这是 Scala 应用程序的入口点。该包含 main 方法的单例对象可以取任何名。

实现一个简单的商品管理系统（CMS）

项目描述

应某超市要求，为其实现一个简单的商品管理系统（CMS）。经过综合考虑，拟采用 Scala 语言，开发工具使用 Scala IDE，实现一个"黑白屏"的商品管理系统。该 CMS 系统应实现以下功能：

- 管理员登录和注销登录
- 存储商品信息
- 浏览商品信息
- 商品入库操作
- 商品出库操作
- 商品退货操作

任务 1　管理员登录和注销登录

任务分析

对于要实现的管理系统，只有管理员（如库管）才可以登录操作，其他无关人员是不允许操作该系统的。当管理员上班时，打开系统，输入正确的账号和密码，方能进一步进行商品出入库和查询的操作。当管理员下班时，需要注销登录，以防其他人操作系统。因此要实现的 CMS 必须具有管理员登录和注销登录的功能，这样才能保证系统的安全。

任务实施

1．创建项目源代码

1）新建一个 Scala 项目，命名为"CMSProj"。

2）在项目的"src"上右击，新建一个"Scala Object"，命名为"com.snail.ch01.CMS"。

3）定义一个 main 函数，main 函数是代码的执行入口。示例代码如下。

```scala
package com.snail.ch01

object CMS{
  def main(args:Array[String]){
    // 这里编辑执行代码
  }
}
```

2．实现管理员登录界面

1）编辑源代码，实现管理员登录界面信息展示。示例代码如下（粗体部分）。

```scala
package com.snail.ch01

import scala.io.StdIn.readLine

object CMS1 {
  def main(args:Array[String]){
    // 任务 1
    // 管理员登录界面
    println("**************************************************")
    println("*                                              *")
    println("*      CMS 商品管理系统              *")
    println("*                                              *")
    println("* 请选择操作（输入操作对应的数字）：*")
    println("* 1. 管理员登录                    *")
    println("* 0. 退出系统                      *")
    println("*                                              *")
    println("**************************************************")
  }
}
```

2）执行以上代码，在 Console 控制台可以看到输出内容，如图 1-18 所示。

```
**********************************
*                                *
*        CMS商品管理系统           *
*                                *
* 请选择操作（输入操作对应的数字）：  *
* 1. 管理员登录                    *
* 0. 退出系统                      *
*                                *
**********************************
```

图 1-18 管理员登录界面

3. 实现管理员登录和退出登录逻辑

1）继续编辑源代码，实现管理员登录和退出登录功能。示例代码如下（粗体部分）。

```scala
package com.snail.ch01

// 导入 scala.io.StdIn.readLine 函数
import scala.io.StdIn.readLine

object CMS1 {
  def main(args:Array[String]){
    // 任务 1
    // 管理员登录界面
    println("**********************************************")
    println("*                                            *")
    println("*     CMS 商品管理系统                         *")
    println("*                                            *")
    println("* 请选择操作（输入操作对应的数字）：*")
    println("* 1. 管理员登录                *")
    println("* 0. 注销管理员登录              *")
    println("*                            *")
    println("**********************************************")

    // 接收用户的输入
    val op = readLine("\n 请选择操作 :")

    // 对用户输入的操作进行判断
    if (op == "1") {
      println(" 您选择管理员登录。")
    } else if (op == "0") {
      println(" 欢迎下次使用 !")
    } else {
      println(" 您选择的操作不正确 !")
    }
  }
}
```

2）执行以上代码，然后输入"1"，则在 Console 控制台可以看到菜单选择界面，如图 1-19 所示。

请选择操作：1
您选择管理员登录。

图 1-19　选择管理员登录

3）如果输入"0"，则在 Console 控制台可以看到菜单选择界面，如图 1-20 所示。

4）如果输入其他数字（非"1"和"0"），则在 Console 控制台可以看到错误操作提示信息，如图 1-21 所示。

请选择操作：0　　　　　　　　　　请选择操作：3
欢迎下次使用！　　　　　　　　　　您选择的操作不正确！

图 1-20　注销管理员登录界面　　　　　　图 1-21　错误操作界面

4．实现管理员登录和退出登录功能

管理员需要输入正确的账号和密码才能登录系统。当管理员成功登录 CMS 系统后，首先会显示一个操作菜单，提供所有管理员可进行的操作选项。当管理员选择某个操作菜单时，程序应该实现相应的业务逻辑。

继续编辑源代码，实现管理员登录功能。示例代码如下（粗体部分）。

```scala
package com.snail.ch01

import scala.io.StdIn.readLine

object CMS {

  def main(args: Array[String]) {
    // 内置管理员信息 ( 账号和密码 )
    val adminName = "admin"
    val adminPwd = "123456"

    // 任务 1
    // 管理员登录界面
    println("*******************************************")
    println("*                                       *")
    println("*      CMS 商品管理系统         *")
    println("*                                       *")
    println("* 请选择操作（输入操作对应的数字）：*")
    println("* 1. 管理员登录               *")
    println("* 0. 退出系统                 *")
    println("*                                       *")
```

```
    println("*******************************************")

    val op = readLine("\n 请选择操作 :")

if (op == "1") {
    println("\n 您选择管理员登录 ")

    // 任务 2
    // 管理员登录操作
    var flag = true      // 这是一个标志变量。true：继续输入账号和密码；false：结束登录过程

    while (flag) {
      val username = readLine(" 请输入账号：")
      val userpwd = readLine(" 请输入密码：")

      // 判断用户输入的账号和密码是否正确
      if (username == adminName && userpwd == adminPwd) {
          // 如果登录成功，则改变标志变量的值
          flag = false

          // 管理员操作界面
          println("*************************************************")
          println("*                      *")
          println(s"*      欢迎您 ,$username! ^_^        *")
          println("*                      *")
          println("* 请选择操作（输入操作对应的数字）：   *")
          println("* 1. 浏览商品信息              *")
          println("* 2. 商品入库操作              *")
          println("* 3. 商品出库操作              *")
          println("* 4. 商品退货操作              *")
          println("* 5. 退出登录              *")
          println("* 0. 退出系统              *")
          println("*                      *")
          println("*************************************************")
      } else {
          println(" 账号或密码错误！请重新登录。\n")
      }
    }
} else if (op == "0") {
  println(" 欢迎下次使用 !")
  System.exit(0)      // 正常退出系统
} else {
  println(" 您选择的操作不正确 !")
}
  }
}
```

Scala 是一种混合编程语言，支持面向对象编程和函数式编程。它支持函数式编程概念，如不可变数据结构和函数作为变量和参数。对于面向对象编程，它支持类、对象和特征等概念，还支持封装、继承、多态性和其他重要的面向对象概念。

1．变量

Scala 有两种类型变量：可变的和不可变的。不可变意味着变量的值一旦声明就不能更改。数据不变性帮助在管理数据时实现并发控制。

在 Scala 中，声明变量的关键字有两种：val、var。其中：

1）val：声明的变量是不可变的（只读的）。使用 val 关键字声明不可变变量就像在 Java 中声明 final 变量一样。

2）var：声明的变量是可变的。在变量创建以后，可以重新赋值。

在下面的代码中，可以分别使用 val 定义不可变的变量，使用 var 定义可变的变量。使用 val 关键字声明的变量在初始化以后，不允许重新赋值（否则编译器在编译时会出现错误）。在 REPL 中执行的代码如图 1-22 所示。

```
scala> var a = 3
a: Int = 3            a是可变的，所以可以重新赋值

scala> a = 4
a: Int = 4

scala> val b = 3      b是不可变的，重新赋值会报错
b: Int = 3

scala> b = 4
<console>:12: error: reassignment to val
       b = 4
         ^

scala> lazy val c = 3
c: Int = <lazy>

                      c是延迟计算的，直到使用时才赋值
scala> c
res6: Int = 3

scala>
```

图 1-22　Scala 变量声明

前面的代码中，在定义变量时并没有指定数据类型。在 Scala 中，不强制显式地指定变量的数据类型，编译器可以通过内置的类型推断机制，根据变量的初始化来识别变量的类型，这称为"类型推断"。

如果想要明确地指定变量的数据类型，可以在变量名后面加上一个冒号（:），后面指定数据类型，如图 1-23 所示。

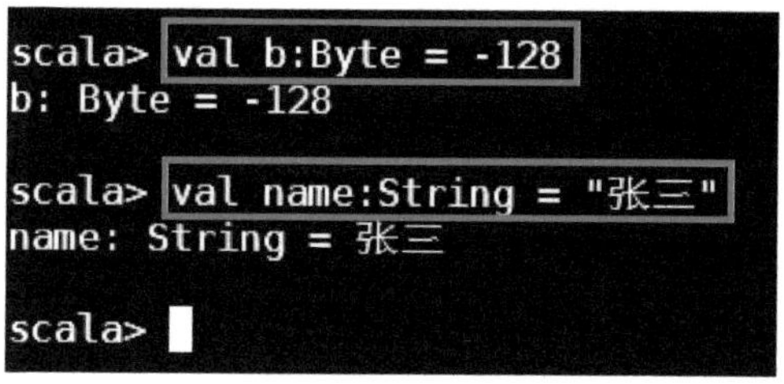

```
scala> val b:Byte = -128
b: Byte = -128

scala> val name:String = "张三"
name: String = 张三

scala>
```

图 1-23　指定变量数据类型

2．用户输入和输出

在 Scala 2.11 中，可以用 scala.io.StdIn.readLine() 函数从控制台读取一行输入。如果要读取数字、Boolean 或者字符，可以用 readInt、readDouble、readByte、readShort、readLong、readFloat、readBoolean 或者 readChar。

如果要在控制台输出内容，使用 print、println 或 printf 函数。其中 print 函数输出的内容不换行；println 输出一行内容后，会在最后加上一个换行符；printf 函数可以格式化输出。

例如，在下面的代码中，打印用户的输入内容。注意，要使用 readLine 函数，需要先导入该函数：import scala.io.StdIn.readLine。

```
import scala.io.StdIn.readLine

val input = readLine(" 请输入内容：")
print(" 您输入的是：")
println(input)
printf(" 您的输入内容是 %s",input)
```

3．条件判断

Scala 同样提供了对程序流程控制的语法。Scala 的 if/else 语法结构和 Java 或者 C++ 的一样。示例代码如下。

```
val age = 19

// 单分支选择结构
if (age > 20) {
  println(222)
}

// 双分支选择结构
if (age > 20) {
  println(444)
} else {
  println(555)
```

```
}

// 多分支选择结构
if (age < 18) {
  println(666)
} else if (age <= 36) {
  println(777)
} else if (age <= 60) {
  println(888)
} else {
  println(999)
}

// 三元运算符
if(!true) 1 else 0
```

输出结果如下。

```
age: Int = 19
222
555
777

res110: Int = 0
```

在 Scala 中 if/else 表达式会返回一个值，这个值就是跟在 if 或 else 之后的表达式的值。示例代码如下。

```
val score = 60

val result1 = if(score>=60) " 及格 " else " 不及格 "    // 作为表达式，值赋给变量 result
println(result1)

val result2 = if(score>=60) " 及格 " else 0             // 注意：返回的是公共类型 Any
println(result2)

val result3 = if(score<60) " 不及格 "                    // 等同于 if(score<60) " 不及格 " else ()
println(result3)
```

输出结果如下。

```
及格
及格
()
```

4．while 循环

遍历集合中的元素，对集合中的每个元素进行操作，或者从现有集合创建一个新集合，就需要用到循环结构。Scala 拥有与 Java 和 C++ 相同的 while 和 do-while 循环。

使用 while 的循环语句代码如下。

```
var sum = 0
var i = 1
while(i < 11) {
    sum += i
    i += 1
}
println(sum)                         // 55
println(i)                           // 11
```

Scala 并没有提供 break 或 continue 语句来退出循环。如果需要退出循环，则可以使用 Boolean 型的标志变量（控制变量）控制循环条件来实现。

任务 2　实现菜单重复选择功能

任务分析

当管理员在进行菜单选择时，应该允许其多次重复选择不同的菜单，以保护操作的连续性。只有当管理员选择退出登录时，才终止这种循环菜单选择操作。

任务实施

1．实现菜单重复选择功能

在上一任务的基础上，继续编辑源代码，示例代码如下（粗体部分）。

```
package com.snail.ch01

import scala.io.StdIn.readLine

object CMS {
  def main(args: Array[String]) {
   // 内置管理员信息 ( 账号和密码 )
   val adminName = "admin"
   val adminPwd = "123456"

   // ...... 原来的代码，保持不变，这里省略

   if (op == "1") {
      println("\n 您选择管理员登录 ")

      // 任务 2
      // 管理员登录操作
      var flag = true // 这是一个标志变量。true：继续输入账号和密码；false：结束登录过程

      while (flag) {
        val username = readLine(" 请输入账号：")
```

```scala
        val userpwd = readLine(" 请输入密码：")

        // 判断用户输入的账号和密码是否正确
        if (username == adminName && userpwd == adminPwd) {
            flag = false      // 如果登录成功，则改变标志变量的值

            var opFlag = true   // 再定义一个控制管理员操作的标志变量

            while (opFlag) {
                // 管理员操作界面
                println("*********************************************")
                println("*                           *")
                println(s"*      欢迎您 ,$username! ^_^      *")
                println("*                           *")
                println("* 请选择操作（输入操作对应的数字）：   *")
                println("* 1. 浏览商品信息            *")
                println("* 2. 商品入库操作            *")
                println("* 3. 商品出库操作            *")
                println("* 4. 商品退货操作            *")
                println("* 5. 退出登录         *")
                println("* 0. 退出系统         *")
                println("*                           *")
                println("*********************************************")

                println()

                // 任务3
                // 选择操作选项
                val op2 = readLine(" 请选择您的操作 (1-4):")

                // 输出所选择的操作菜单项
                println(" 您选择的操作是 :" + op2)
            }
        } else {
            println(" 账号或密码错误！请重新登录。\n")
        }
    }
} else if (op == "0") {
    println("\n 您选择注销管理员登录 ")
    System.exit(0)
} else {
    println("\n 您选择的操作不正确 ")
}
}
}
```

2．实现菜单选择逻辑

继续编辑源代码，示例代码如下（粗体部分）。

```
package com.snail.ch01

import scala.io.StdIn.readLine

object CMS {
  def main(args: Array[String]) {
    // 内置管理员信息 ( 账号和密码 )
    val adminName = "admin"
    val adminPwd = "123456"

    // ...... 原来的代码，保持不变，这里省略

    if (op == "1") {
      println("\n 您选择管理员登录 ")

      // 任务 2
      // 管理员登录操作
      var flag = true // 这是一个标志变量。true：继续输入账号和密码；false：结束登录过程

      while (flag) {
        val username = readLine(" 请输入账号：")
        val userpwd = readLine(" 请输入密码：")

        // 判断用户输入的账号和密码是否正确
        if (username == adminName && userpwd == adminPwd) {
          flag = false       // 如果登录成功，则改变标志变量的值

          var opFlag = true   // 再定义一个控制管理员操作的标志变量

          while (opFlag) {
          // 管理员操作界面
          println("*************************************************")
          println("*                          *")
          println(s"*      欢迎您 ,$username! ^_^       *")
          println("*                          *")
          println("* 请选择操作（输入操作对应的数字）：   *")
          println("* 1. 浏览商品信息            *")
          println("* 2. 商品入库操作            *")
          println("* 3. 商品出库操作            *")
          println("* 4. 商品退货操作            *")
          println("* 5. 退出登录             *")
          println("* 0. 退出系统             *")
          println("*                  *")
          println("*************************************************")

          println()
```

```scala
// 任务 3
// 选择操作选项
val op2 = readLine(" 请选择您的操作 (1-4):")

// 使用简单模式匹配
op2 match {
    case "1" => println(" 您选择浏览商品信息 ")
    case "2" => println(" 您选择商品入库操作 ")
    case "3" => println(" 您选择商品出库操作 ")
    case "4" => println(" 您选择商品退货操作 ")
    case _ => println(" 请选择正确的操作 (1-4)!")
    }
  }
  } else {
    println(" 账号或密码错误！请重新登录。\n")
  }
  }
} else if (op == "0") {
  println("\n 您选择注销管理员登录 ")
  System.exit(0)
} else {
  println("\n 您选择的操作不正确 ")
}
  }
}
```

必备知识

  Scala 中没有提供与 Java 语言中 switch 类似的语法，但是提供了一个更加强大的模式匹配功能。模式匹配是一个 Scala 概念，它看上去与其他语言中的 switch 语句很类似。不过，它是比 switch 语句更强大的工具。

  一个简单模式匹配应用可以作为多级 if-else 语句的替代，提高代码的可读性。Scala 模式匹配不使用关键字 switch，而是使用关键字 match。每个可能的匹配由关键字 case 处理。如果有一个 case 被匹配到，那么右箭头右侧的代码被执行。其中下划线 _ 代表默认 case。如果前面没有一个 case 被匹配到，默认 case 的代码就会被执行。与 switch 语句不同，在每个 case 后的代码不需要 break 语句。只有匹配的 case 会被执行。另外，每个 "⇒" 右侧的代码是一个表达式，返回一个值。因此，一个模式匹配语句本身是一个表达式，返回一个值。示例代码如下。

```scala
// 根据输入的数字，给出对应的星期
val day = 8
val day of Week = day match{
```

```
        case 1 => " 星期一 "
        case 2 => " 星期二 "
        case 3 => " 星期三 "
        case 4 => " 星期四 "
        case 5 => " 星期五 "
        case 6 => " 星期六 "
        case 7 => " 星期日 "
        case _ => " 不正确 "
    }
    println(day of Week)
```

输出结果为：

不正确

任务 3　实现商品存储和浏览功能

任务分析

　　CMS 系统需要管理多个商品信息，因此需要实现存储多个商品信息的功能，可以用集合这种数据结构来实现。另外，CMS 系统必须具备用户浏览所有库存商品的功能，这是最常用的功能之一。

任务实施

1．定义存储商品信息的列表

首先定义代表商品信息的类，然后定义一个列表，存储这些商品信息对象。在上一个任务的基础上，继续编辑源代码，示例代码如下。

```
package com.snail.ch01

import scala.io.StdIn.readLine

object CMS {

// 定义一个 case class，用来表示商品信息
case class Product(pName: String, pPrice: Float, pQuantity: Int)

def main(args: Array[String]) {
    // 内置管理员信息 ( 账号和密码 )
    val adminName = "admin"
    val adminPwd = "123456"

    // 定义一个列表，用来存储所有的商品信息
```

```scala
    var products: List[Product] = Nil;      // 初始为空

    // 任务1
    // 管理员登录界面
    // ... 其他代码保持不变
  }
}
```

2．实现商品浏览功能

```scala
package com.snail.ch01

import scala.io.StdIn.readLine

object CMS {

  // 定义一个 case class，用来表示商品信息
  case class Product(pName: String, pPrice: Float, pQuantity: Int)

  def main(args: Array[String]) {
    // ......   代码保持不变，这里省略

    if (op == "1") {
      println("\n 您选择管理员登录 ")

      // 任务2
      // 管理员登录操作
      var flag = true // 这是一个标志变量。true：继续输入账号和密码；false：结束登录过程

      while (flag) {
        val username = readLine(" 请输入账号：")
        val userpwd = readLine(" 请输入密码：")

        // 判断用户输入的账号和密码是否正确
        if (username == adminName && userpwd == adminPwd) {

          flag = false // 如果登录成功，则改变标志变量的值

          // 再定义一个控制管理员操作的标志变量
          var opFlag = true

          while (opFlag) {
            // 管理员操作界面
            // ......   代码保持不变，这里省略

            // 任务3
            // 选择操作选项
            val op2 = readLine(" 请选择您的操作 (1-4):")
```

```scala
// 使用简单模式匹配
op2 match {
  case "1" =>
    println(" 您选择浏览商品信息。当前库存商品有 :")
    if (products.isEmpty) {
      println(" 目前没有库存商品。")
    } else {
      products.foreach(println)
    }
    println()

  case "2" => println(" 您选择商品入库操作 ")
  case "3" => println(" 您选择商品出库操作 ")
  case "4" => println(" 您选择商品退货操作 ")
  case _  => println(" 请选择正确的操作 (1-4)!")
  }
 }
} else {
  println(" 账号或密码错误！请重新登录。\n")
 }
}
} else if (op == "0") {
  println("\n 欢迎再次登录 !")
  System.exit(0)
} else {
  println("\n 您选择的操作不正确 !")
}
 }
}
```

必备知识

1．List

在 Scala 中，List 是一个相同类型元素的线性序列。它是一个递归数据结构，与数组不同，数组是一个扁平数据结构。另外，它是一个不可变的数据结构，List 被创建后不可以被修改，值一旦被定义了就不能改变。List 是 Scala 中最常用的数据结构之一。

虽然可以通过元素的索引来访问 List 中的元素，但是并不高效。访问时间与元素在 List 中的位置成正比。

Scala 的 List 是作为 Linked List 实现的，并提供 head、tail 和 isEmpty 方法。因此，在 List 上的大多数操作都涉及递归算法，将 list 拆分为 head 和 tail 部分。

创建 List 有两种方式，一种与使用 Array 一样，另一种是使用 :: 连接运算符，也可以将

其他集合转换为 List 集合。下面的代码演示了创建一个列表的几种方式。

```
val xs = List(10,20,30,40);
val ys = (1 to 100).toList;
val zs = Array(1,2,3).toList;

// 创建一个空的 List
val empty: List[Nothing] = List()

// 也可用 Nil 创建空的列表
val empty = Nil

// 创建图书列表
val books: List[String] = List("Scala 从入门到精通 ", "Groovy 从入门到精通 ", "Java 从入门到精通 ")

// 使用 tail Nil 和 :: 来创建图书列表
val books = "Scala 从入门到精通 " :: "Groovy 从入门到精通 " :: "Java 从入门到精通 " :: Nil

books.head   // 第一个元素
books.tail    // 除了第一个元素
```

2．高阶方法

Scala 集合的强大之处在于可以使用高阶方法，即使用函数作为其输入参数。需要特别注意的是，高阶方法并不改变集合。

Scala 集合的 foreach 方法在集合的每个元素上调用其输入函数，但并不返回任何值。

```
val words = "Scala is fun".split(" ");
words.foreach(println);
```

3．case class

Scala 中提供了一种特殊的类——case class，也可以称作样例类。它是经过优化以用于模式匹配。样例类类似于常规类，但是带有一个 case 修饰符，在构建不可变类时，case class 非常有用，特别是在并发性和数据传输对象的上下文中。示例代码如下。

```
case class Message(from:String, to:String, content:String)
```

一个样例类相当于一个 JavaBean 风格的域对象，带有 getter 和 setter 方法，以及构造器、hashCode、equals 和 toString 方法。在创建 case class 的对象实例时，不需要使用 new 关键字。例如，下面的代码是有效的。

```
val request = Message(" 北京 "," 上海 "," 高铁 ");
```

当一个类被声名为 case class 的时候，Scala 会做下面几件事情。

1）构造器中的参数如果不被声明为 var 类型，则它默认是 val 类型的，但一般不推荐将构造器中的参数声明为 var。

2）自动创建伴生对象，同时在伴生对象中实现 apply 方法，使得在使用的时候可以不直接显示 new 对象。

3）伴生对象中同样会实现 unapply 方法，从而可以将 case class 应用于模式匹配。

4）实现自己的 toString、hashCode、copy、equals 方法。

除此之外，case class 与其他普通的 Scala 类没有区别。

另外，case class 是按结构比较的，而不是按引用比较。例如，在下面的代码中，尽管 book1 和 book2 引用不同的对象，但是每个对象的值是相等的。

```
case class Book(bookName: String, author: String)

val book1 = Book("Spark 大数据处理 ", "xinliwei")
val book2 = Book("Spark 大数据处理 ", "xinliwei")

println(book1 == book2)    // 输出值为 true
```

任务 4   商品入库操作实现

任务分析

当有商品需要入库时，需要执行以下的逻辑判断：如果该商品在库存中已经存在，则只需要修改其库存数量即可；如果该商品是一个新的商品，在库存中没有，则需要增加该商品。

任务实施

实现商品入库操作功能

在上一任务的基础上，继续编辑源代码，示例代码如下（粗体部分）。

```
package com.snail.ch01

import scala.io.StdIn.readLine

object CMS {

 // 定义一个 case class，用来表示商品信息
 case class Product(pName: String, pPrice: Float, pQuantity: Int)

 def main(args: Array[String]) {
  // ......  代码保持不变，这里省略
```

```
if (op == "1") {
  println("\n 您选择管理员登录 ")

  // 任务 2
  // 管理员登录操作
  var flag = true // 这是一个标志变量。true：继续输入账号和密码；false：结束登录过程

  while (flag) {
    val username = readLine(" 请输入账号：")
    val userpwd = readLine(" 请输入密码：")

    // 判断用户输入的账号和密码是否正确
    if (username == adminName && userpwd == adminPwd) {

      flag = false // 如果登录成功，则改变标志变量的值

      // 再定义一个控制管理员操作的标志变量
      var opFlag = true

      while (opFlag) {
        // 管理员操作界面
        // ......   代码保持不变，这里省略

        // 任务 3
        // 选择操作选项
        val op2 = readLine(" 请选择您的操作 (1-4):")

        // 使用简单模式匹配
        op2 match {
        case "1" =>
          println(" 您选择浏览商品信息。当前库存商品有 :")
          if (products.isEmpty) {
            println(" 目前没有库存商品。")
          } else {
            products.foreach(println)
          }
          println()
        case "2" =>
        println(" 您选择商品入库操作。请按以下提示输入要入库的商品信息 :")
        val pName = readLine(" 入库商品名称 :")
        val pPrice = readLine(" 入库商品单价 :").toFloat
        val pQuantity = readLine(" 入库商品数量 :").toInt

        // 构造一个商品实体
        val product = Product(pName, pPrice, pQuantity)
```

```
        // 将该商品加入到集合中 ( 入库操作 )
        products = products.:+(product)

      case "3" =>
        println(" 您选择商品出库操作。请选择要出库的商品名称和数量 :")

      case "4" =>
        println(" 您选择商品退货操作。请选择要出库的商品名称和数量 :")

      case "5" =>
        println(" 您选择注销登录 ")

      case "0" =>
        println(" 您选择退出 CMS 系统 ")

      case _ =>
        println(" 您的选择不正确。请重新选择正确的操作 (1-4)!\n")
      }
    }
  } else {
    println(" 账号或密码错误！请重新登录。\n")
  }
} else if (op == "0") {
  println("\n 欢迎再次登录 !")
  System.exit(0)
} else {
 println("\n 您选择的操作不正确 !")
 }
 }
}
```

必备知识

　　List 在 Scala 中是不可变的数据结构。当需要改变时，将返回的修改过后的列表赋给新的变量。如果将变量声明为 var 类型，则可以实现类似于"可变 List"的效果。示例代码如下。

```
var list1 = List("aa","ss","dd")

// 将修改过后的列表再次赋给 list1，就像对 list1 做了改变
list1 = list1.:+("ff")

// 遍历
list1.foreach(println)
```

执行以上代码，输出结果如下。

aa
ss
dd
ff

任务 5 实现商品出库操作和商品退货操作

当有商品需要出库的时候，如果该商品在库存中已经存在，则只需要修改其库存数量即可，即原来的数量减去出库的数量，就是新的商品库存数量。

当有商品需要退货时，将库存中该商品信息全部删除，即不再保留该商品信息。

1．实现商品出库操作

在上一任务的基础上，继续编辑源代码，示例代码如下（粗体部分）。

```
package com.snail.ch01

import scala.io.StdIn.readLine

object CMS {

// 定义一个 case class，用来表示商品信息
case class Product(pName: String, pPrice: Float, pQuantity: Int)

def main(args: Array[String]) {
  // ......  代码保持不变，这里省略

  if (op == "1") {
    println("\n 您选择管理员登录 ")

    // 任务 2
    // 管理员登录操作
    var flag = true // 这是一个标志变量。true：继续输入账号和密码；false：结束登录过程

    while (flag) {
      val username = readLine(" 请输入账号：")
      val userpwd = readLine(" 请输入密码：")

      // 判断用户输入的账号和密码是否正确
```

```scala
    if (username == adminName && userpwd == adminPwd) {

    flag = false // 如果登录成功，则改变标志变量的值

    // 再定义一个控制管理员操作的标志变量
    var opFlag = true

    while (opFlag) {
        // 管理员操作界面
        // ......   代码保持不变，这里省略

// 任务 3
// 选择操作选项
val op2 = readLine(" 请选择您的操作 (1-4):")

// 使用简单模式匹配
op2 match {
    case "1" =>
        println(" 您选择浏览商品信息。当前库存商品有 :")
        if (products.isEmpty) {
            println(" 目前没有库存商品。 ")
        } else {
            products.foreach(println)
        }
        println()
case "2" =>
    println(" 您选择商品入库操作。请按以下提示输入要入库的商品信息 :")
    val pName = readLine(" 入库商品名称 :")
    val pPrice = readLine(" 入库商品单价 :").toFloat
    val pQuantity = readLine(" 入库商品数量 :").toInt

    // 构造一个商品实体
    val product = Product(pName, pPrice, pQuantity)
    // 将该商品加入到集合中（入库操作）
    products = products.:+(product)

case "3" =>
    println(" 您选择商品出库操作。请选择要出库的商品名称和数量 :")
    val cpName = readLine(" 出库商品名称 :")
    val cpQuantity = readLine(" 出库商品数量 :").toInt

    // 使用模式匹配
    products = products.map{
```

```
            case Product(pName,pPrice,pQuantity) if pName==cpName =>
Product(pName,pPrice,pQuantity-cpQuantity)
            case Product(pName,pPrice,pQuantity) => Product(pName,pPrice,pQuantity)
          }

        case "4" =>
          println(" 您选择商品退货操作。请选择要出库的商品名称和数量 :")

        case "5" =>
          println(" 您选择注销登录 ")
        case "0" =>
          println(" 您选择退出 CMS 系统 ")
        case _ =>
          println(" 您的选择不正确。请重新选择正确的操作 (1-4)!\n")
        }
      }
      } else {
        println(" 账号或密码错误！请重新登录。\n")
      }
    }
  } else if (op == "0") {
    println("\n 欢迎再次登录 !")
    System.exit(0)
  } else {
    println("\n 您选择的操作不正确 !")
  }
 }
}
```

2．实现商品退货操作功能

继续编辑源代码，示例代码如下（粗体部分）。

```
package com.snail.ch01

import scala.io.StdIn.readLine

object CMS {

  // 定义一个 case class，用来表示商品信息
  case class Product(pName: String, pPrice: Float, pQuantity: Int)

  def main(args: Array[String]) {
    // ......   代码保持不变，这里省略
```

```
if (op == "1") {
    println("\n 您选择管理员登录 ")

    // 任务 2
    // 管理员登录操作
    var flag = true // 这是一个标志变量。true：继续输入账号和密码；false：结束登录过程

    while (flag) {
        val username = readLine(" 请输入账号：")
        val userpwd = readLine(" 请输入密码：")

        // 判断用户输入的账号和密码是否正确
        if (username == adminName && userpwd == adminPwd) {

            flag = false // 如果登录成功，则改变标志变量的值

            // 再定义一个控制管理员操作的标志变量

            var opFlag = true

            while (opFlag) {
                // 管理员操作界面
                // ......   代码保持不变，这里省略

                // 任务 3
                // 选择操作选项
                val op2 = readLine(" 请选择您的操作 (1-4):")

                // 使用简单模式匹配
                op2 match {
                    case "1" =>
                        println(" 您选择浏览商品信息。当前库存商品有 :")
                        if (products.isEmpty) {
                            println(" 目前没有库存商品。")
                        } else {
                            products.foreach(println)
                        }
                        println()
                    case "2" =>
                        println(" 您选择商品入库操作。请按以下提示输入要入库的商品信息 :")
                        val pName = readLine(" 入库商品名称 :")
                        val pPrice = readLine(" 入库商品单价 :").toFloat
                        val pQuantity = readLine(" 入库商品数量 :").toInt
```

```scala
        // 构造一个商品实体
        val product = Product(pName, pPrice, pQuantity)
        // 将该商品加入到集合中 ( 入库操作 )
        products = products.:+(product)

    case "3" =>
        println(" 您选择商品出库操作。请选择要出库的商品名称和数量 :")
        val cpName = readLine(" 出库商品名称 :")
        val cpQuantity = readLine(" 出库商品数量 :").toInt

        // 使用模式匹配
        products = products.map{
          case Product(pName,pPrice,pQuantity) if pName==cpName => Product(pName,pPrice,
pQuantity-cpQuantity)
          case Product(pName,pPrice,pQuantity) => Product(pName,pPrice,pQuantity)
        }

        case "4" =>
            println(" 您选择商品退货操作。请选择要出库的商品名称和数量 :")
            val tpName = readLine(" 退货商品名称 :")

        // 使用模式匹配
        products = products.filter{
          case Product(pName,_,_) if pName==tpName => false
          case Product(pName,_,_) => true
        }

    case "5" =>
        println(" 您选择注销登录 ")
    case "0" =>
        println(" 您选择退出 CMS 系统 ")
    case _ =>
        println(" 您的选择不正确。请重新选择正确的操作 (1-4)!\n")
      }
    }
  } else {
      println(" 账号或密码错误！请重新登录。\n")
  }
 }
} else if (op == "0") {
  println("\n 欢迎再次登录 !")
  System.exit(0)
```

```
    } else {
      println("\n 您选择的操作不正确 !")
    }
  }
}
```

3．实现注销登录和退出 CMS 系统的功能

继续编辑源代码，示例代码如下（粗体部分）。

```
// ...
case "5" =>
      println(" 您选择注销登录 ")
      opFlag = false
      flag = true
case "0" =>
      println(" 您选择退出 CMS 系统 ")
      System.exit(0)
// ...
```

必备知识

1．模式匹配与 case class

模式匹配也可以对两个 case class 进行匹配，示例代码如下。

```
// 定义 case class
case class Person(name: String, age: Int, valid: Boolean)

val p = Person(" 张三 ", 45, true)

// 也可以
val m = new Person(" 李四 ", 24, true)

// 对 case class 进行模式匹配，并返回匹配值
def older(p: Person): Option[String] = p match {
    case Person(name, age, true) if age > 35 => Some(name)
    case _ => None
}

older(p).get
older(p).getOrElse(" 匿名 ")

// older(m).get    // 会出现异常
older(m).getOrElse(" 匿名 ")
```

模式匹配可作为参数传递给其他函数或方法，编译器会将模式匹配编译为函数。

```
val list = List("aa",123,"ss",456,"dd")

// 模式匹配作为参数传递给 filter 高阶方法
list.filter(a => a match {
    case s: String => true
    case _ => false
})

// 上面的代码可简化为
list.filter {
    case s: String => true
    case _ => false
}
```

2．集合类上的高阶方法

下面介绍 Scala 集合的一些主要的高阶方法。

（1）map

Scala 集合的 map 方法将其输入函数应用到集合中所有元素上，并返回另一个集合。返回的集合与调用 map 方法的集合中的元素数量相同。不过，在返回的集合中的元素并不是原始集合中元素的类型。示例代码如下。

```
val xs = List(1,2,3,4);
val ys = xs.map((x:Int) => x*10.0);
```

在上面的代码中，xs 的类型是 List[Int]，而 ys 的类型是 List[Double]。

如果一个函数只有一个参数，那么圆括号可以被花括号替换。下面的两个语句等价。

```
val ys = xs.map((x:Int) => x*10.0);
val ys = xs.map{(x:Int) => x*10.0};
```

正如前面讲过的，Scala 允许使用运算符标记来调用任何方法。要进一步提高可读性，前面的代码也可以写成下面这样。

```
val ys = xs map {(x:Int) => x*10.0};
```

Scala 可以从集合的类型推断出传入的参数类型，因此可以忽略参数类型。下面两个语句是等价的。

```
val ys = xs map {(x:Int) => x*10.0};
val ys = xs map {x => x*10.0};
```

如果一个函数字面量的输入参数只在函数体中使用一次，那么右箭头和其左侧的内容可以从函数字面量中删除，即可以只编写函数字面量的函数体。下面的两个语句是等价的。

```
val ys = xs map {x => x*10.0};
val ys = xs map {_ * 10.0};
```

在上面的代码中，下划线（_）字符代表函数字面量的输入传给 map 方法。上面的代码可以理解为集合 xs 中的每个元素乘以 10。

（2）filter

方法 filter 提供过滤功能，它会对集合中的每个元素进行判断，并返回另一个集合（由断言返回 true 的元素组成）。断言是指返回一个 Boolean 值的函数，即返回 true 或 false。

```
val xs = (1 to 100).toList;
val even = xs filter {_%2 == 0};
```

使用 filter 方法，按照过滤条件将原集合中不符合条件的数据过滤掉，输出所有匹配某个特定条件的元素，得到一个序列中的所有偶数。示例代码如下。

```
(1 to 9).filter(line => line % 2 == 0).foreach(println(_))
(1 to 9).filter(_ % 2 ==0).foreach(println)    // 与上一句等价
```

任务 6 对项目进行优化和重构

任务分析

在之前的任务中，虽然已经实现了项目的功能，但是把所有的代码都集中在 main 方法中，这不是一种好的做法。因此，需要对项目进行优化和重构，将各个子功能封装到函数中，在 main 方法中通过对函数的调用来表现业务流程。

任务实施

1）在 Object 内定义一个显示管理员登录界面的函数 showLogin（在 Object 内，main 方法外），将显示管理员登录的代码封装到该函数中。示例代码如下。

```
def showLogin() = {
// 管理员登录界面
println("*********************************************")
println("*                                         *")
println("*      CMS 商品管理系统          *")
println("*                                         *")
println("* 请选择操作（输入操作对应的数字）：*")
println("* 1. 管理员登录                  *")
println("* 0. 退出系统                    *")
println("*                                         *")
println("*********************************************")
}
```

2）在 Object 内定义一个显示管理员操作菜单界面的函数 showOperation（在 Object 内，main 方法外），将显示管理员登录的代码封装到该函数中。示例代码如下。

```
// 显示管理员操作界面的函数
def showOperation(username: String) = {
  println("*********************************************")
  println("*                        *")
```

```
println(s"*      欢迎您 ,$username! ^_^       *")
println("*                          *")
println("* 请选择操作（输入操作对应的数字）：   *")
println("* 1. 浏览商品信息               *")
println("* 2. 商品入库操作               *")
println("* 3. 商品出库操作               *")
println("* 4. 商品退货操作               *")
println("* 5. 退出登录          *")
println("* 0. 退出系统          *")
println("*                  *")
println("*********************************************")
}
```

3）在 Object 内定义一个浏览库存商品信息的函数 showProducts（在 Object 内，main 方法外）。示例代码如下。

```
def showProducts(products: List[Product]) = {
  if (products.isEmpty) {
    println(" 目前没有库存商品。")
  } else {
    products.foreach(println)
  }
}
```

4）在 Object 内定义一个商品入库操作的函数 addProduct（在 Object 内，main 方法外）。示例代码如下。

```
def addProduct(products: List[Product]) = {
  val pName = readLine(" 入库商品名称 :")
  val pPrice = readLine(" 入库商品单价 :").toFloat
  val pQuantity = readLine(" 入库商品数量 :").toInt

  // 构造一个商品实体
  val product = Product(pName, pPrice, pQuantity)
  // 将该商品加入到集合中（入库操作）
  products.:+(product)
}
```

5）在 Object 内定义一个商品出库操作的函数 subProduct（在 Object 内，main 方法外）。示例代码如下。

```
def subProduct(products: List[Product]) = {
  val cpName = readLine(" 出库商品名称 :")
  val cpQuantity = readLine(" 出库商品数量 :").toInt

  // 使用模式匹配
  products.map {
```

```
        case Product(pName, pPrice, pQuantity) if pName == cpName => Product(pName, pPrice, pQuantity -
cpQuantity)
        case Product(pName, pPrice, pQuantity)                   => Product(pName, pPrice, pQuantity)
      }
    }
```

6）在 Object 内定义一个商品退货操作的函数 removeProduct（在 Object 内，main 方法外）。示例代码如下。

```
// 商品退货操作
def removeProduct(products: List[Product]) = {
  val tpName = readLine(" 退货商品名称 :")

  // 使用模式匹配
  products.filter {
    case Product(pName, _, _) if pName == tpName => false
    case Product(pName, _, _)                    => true
  }
}
```

7）修改 main 方法。在 main 方法中主要体现业务处理逻辑，各个相对独立的子功能，通过调用上面定义的函数来实现。修改后的代码如下（粗体部分）。

```
def main(args: Array[String]) {
  // 内置管理员信息 ( 账号和密码 )
  val adminName = "admin"
  val adminPwd = "123456"

  // 定义一个列表，用来存储所有的商品信息
  var products: List[Product] = Nil; // 初始为空

  // 任务 1
  // 管理员登录界面
  showLogin()

  val op = readLine("\n 请选择操作 :")

  if (op == "1") {
    println("\n 您选择管理员登录 ")

    // 任务 2
    // 管理员登录操作
    var flag = true // 这是一个标志变量。true：继续输入账号和密码；false：结束登录过程

    while (flag) {
      val username = readLine(" 请输入账号：")
      val userpwd = readLine(" 请输入密码 ")
```

```scala
// 判断用户输入的账号和密码是否正确
if (username == adminName && userpwd == adminPwd) {

    flag = false // 如果登录成功，则改变标志变量的值

    // 再定义一个控制管理员操作的标志变量
    var opFlag = true

    while (opFlag) {
        // 管理员操作界面
        showOperation(username)

        // 任务 3
        // 选择操作选项
        val op2 = readLine(" 请选择您的操作 (1-4):")

        // 使用简单模式匹配
        op2 match {
            case "1" =>
                println(" 您选择浏览商品信息。当前库存商品有 :")
                showProducts(products)

            case "2" =>
                println(" 您选择商品入库操作。请按以下提示输入要入库的商品信息 :")
                // 将该商品加入到集合中 ( 入库操作 )
                products = addProduct(products)

            case "3" =>
                println(" 您选择商品出库操作。请选择要出库的商品名称和数量 :")
                // 出库操作
                products = subProduct(products)

            case "4" =>
                println(" 您选择商品退货操作。请选择要出库的商品名称和数量 :")
                // 退货操作
                products = removeProduct(products)

            case "5" =>
                println(" 您选择注销登录 ")
                opFlag = false
                flag = true
            case "0" =>
                println(" 您选择退出 CMS 系统 ")
                System.exit(0)
            case _ =>
```

```
            println(" 您的选择不正确。请重新选择正确的操作 (1-4)!\n")
        }
      }
    } else {
      println(" 账号或密码错误！请重新登录。\n")
    }
  }
} else if (op == "0") {
  println("\n 欢迎再次登录 !")
  System.exit(0)
} else {
  println("\n 您选择的操作不正确 !")
}
}
```

必备知识

函数是一个可执行代码块，它接收输入参数并返回一个值，它在概念上与数学中的函数相似。

Scala 是一个函数语言，它将函数当作一等公民，一个函数可以像一个变量一样被使用。函数可以作为输入参数传给另一个函数；函数可以定义为一个匿名函数字面量，就像字符串字面量；函数可以被赋给一个变量；可以在一个函数内定义函数；还可以作为另外一个函数的输出返回值。

在 Scala 中一切皆对象，因此函数也必须是对象。

1. 函数字面量

函数字面量指的是在源代码中的一个未命名函数或匿名函数。在程序中可以像使用一个字符串变量一样使用它。还可以作为一个输入参数传递给一个高阶方法或高阶函数。另外，它也可以被赋给一个变量。

字面量函数的定义是使用一个小括号，里面是输入参数，后跟一个右箭头和一个函数体。函数字面量的函数体是封闭在一个可选花括号中的。其语法为：（参数列表）: 返回值 =>函数体。示例代码如下。

```
(x:Int) => {
    x + 100;
}
```

如果该函数体由单行语句组成，那么可以省略花括号。上面代码的简写版本如下。

```
(x:Int) => x + 100;
```

函数字面量经常作为高阶函数的输入参数。

```
// 最简单的函数
() => println("hello")  // 无参
```

```
(i:Int) => {println("Hello"); println(i * i); i * i}    // 传入一个 int 参数
```
函数也可以赋给一个变量。
```
val func1 = () => println("hello")
func1()          // 执行函数

val func = (i:Int) => {println("Hello"); println(i * i)}
func(3)          // 执行函数
```
函数执行以后可以有返回值。在 Scala 中，函数体的最后一行表达式的值就是函数返回值。
```
val func2 = (x:Int) => {
    println(" 这是 func2 的函数体 ")
    x*x
}
val result = func2(2)    // 将函数的返回值赋给变量 result
println(result)
```

2．函数方法

也可以使用 def 关键字来定义有名称的函数。在 Scala 中使用关键字 def 定义函数的语法格式如下。
```
def 函数名 ( 参数 1: 数据类型 , 参数 2: 数据类型 ): 函数返回类型 = {
    函数体
}
```
这种方式通常用在一个类中来定义方法。例如，定义方法 add。
```
// 定义方法 add
def add(x:Int,y:Int):Int = {
    println(" 这是一个对两个整数进行求和的函数 ")
    x + y
}

// 通过函数名来调用函数（方法）
add(3,5)
```
有的方法可以有返回值，下面定义一个有返回值的方法。
```
def func1(name:String, age:Int) : String ={
    println("name=> " + name +"\t age=> " + age)
    " 欢迎 " + name + " 光临 , 您的年龄是 => " + age    // 函数的最后一行是返回值
}
func1(" 张三 ", 23)
```
有的方法无返回值，下面定义一个无返回值的方法。
```
def func2(): Unit ={
    println(" 这个函数执行没有返回值 ")
}
```

```
func2()
```

有的方法比较简单，只有一行执行代码，称为"单行函数"，如下所示。

```
def printMsg(name:String) = println("Hello, " + name +", welcome happy day!!!")
printMsg(" 李四 ")
```

3. 函数参数

函数定义时指定的参数称为"形参"，函数被调用时实际传入的参数称为"实参"。默认在函数调用时，实参和形参是按顺序一一对应的，否则有可能出现错误。示例代码如下。

```
def func3(name:String, age:Int) : String = {
    println("name=> " + name + "\t age=> " + age)
    " 欢迎 " + name + " 光临 , 您的年龄是 => " + age
}

func3(" 张三 ",23)       // OK

// func3(23," 张三 ")       // 出错，类型不匹配
```

为了避免这种错误，可以在调用函数时指定参数名称（称为名称参数），这样就不一定要按顺序传入实参了。示例代码如下。

```
func3(age=23,name=" 张三 ")    // OK
```

也可以混用未命名参数和名称参数，只要那些未命名的参数是排在前面的即可。

```
func3(" 李四 ",age=23)
```

也可以在定义函数时指定默认参数。如果指定了默认参数，那么在调用函数时如果没有为该参数传入实参值，则传入的是默认参数。示例代码如下。

```
func3(age=23)       // 出错，参数 name 未给值
```

下面的代码在定义函数时，为形参指定了默认值。

```
def func5(name:String=" 匿名 ", age:Int=18) : String ={
    println("name=> " + name +"\t age=> " + age)
    " 欢迎 " + name + " 光临 , 您的年龄是 => " + age
}

// func5(age=23)
func5()
```

Scala 在定义函数时允许指定最后一个参数可以重复（可变长参数），从而允许函数调用者使用可变长参数列表来调用该函数。使用可变长参数的语法如下：add(a:Int,b:Int,c:Int*)。Scala 中使用"*"来指明该参数为变长参数。当它被定义为 Int* 时，则必须将所有参数作为 Int 传递。可以将其他参数与可变长参数一起传递，但是可变长参数应该是参数列表中的最后一个。函数不能接受两个可变长参数。

示例代码如下。

```
def echo(name:String, age:Int, args:String*) = {
    println(name)
    println(age)
```

```
    for (arg <- args) println(arg)
}
```

echo(" 张三 ", 23, "hello", "123", "123", "456")

在函数内部，可变长参数的类型实际为一个数组，比如以上代码中的 String* 类型实际上为 Array[String]。然而，如果试图直接传入一个数组类型的参数，则编译器就会报错。

```
val arrs = Array("hello"," 吃了吗 ")
// echo(" 张三 ",23,arrs)    // 出错
```

为了避免这种情况，可以通过在变量后面添加 _* 来解决，这个符号告诉 Scala 编译器在传递参数时逐个传入数组的每个元素，而不是数组整体。示例代码如下。

```
val arrs = Array("hello","123","123","456")
echo(" 张三 ",23, arrs:_*)
```

单\元\小\结

本单元涉及以下 Scala 语言的概念。

1）使用 val 声明不可变的变量，使用 var 声明可变的变量。

2）Scala 同样提供了对程序流程控制的语法。Scala 中的程序流程控制结构虽然与 Java 类似，但也有自己的一些独特的方法。

3）Scala 中的集合分成可变和不可变两类。可变集合的内容或引用可以更改，不可变集合不能更改。这两种类型的集合分别对应 Scala 中的 scala.collection.mutable 和 scala. collection.immutable 两个包。Scala 中常用的集合见表 1-1。

表 1-1　Scala 常用的集合类型

集　　合	描　　述
List	是一个相同类型元素的线性序列
Set	类型相同但没有重复的元素的集合
Map	键 / 值对的集合
Tuple	不同类型但大小固定的元素的集合
Option	包含 0 个或 1 个元素的容器

下面的代码简要描述了这几种集合形式。

```
val booksList = List("Spark","Scala","Python", "Spark")
val booksSet = Set("Spark","Scala","Python", "Spark")
val booksMap = Map(101 -> "Scala", 102 -> "Scala")
val booksTuple = new Tuple4(101,"Spark", "xinliwei"," 机械工业出版社 ",65.50)
```

4）Scala 中没有提供与 Java 语言中 switch 类似的语法，但是提供了一个更加强大的模式匹配功能。

5）Scala 中提供了一种特殊的类，用 case class 进行声明，也称作样例类。样例类是种特殊的类，经过优化可用于模式匹配。一个样例类相当于一个 JavaBean 风格的域对象，带有 getter 和 setter 方法，以及构造器、hashCode、equals 和 toString 方法。在创建 case class 的对象实例时，不需要使用 new 关键字。

6）方法。一个对象的成员函数称为方法，它的定义和起的作用与一个函数相同。唯一的区别在于方法可以访问所属对象的所有字段。

7）高阶方法。将一个函数作为输入参数的方法称为高阶方法。类似地，高阶函数是将另一个函数作为输入参数的函数。高阶方法和高阶函数帮助减少代码重复。此外，使用它们还可以写出更简洁的代码。

8）函数字面量。指的是在源代码中的一个未命名函数或匿名函数。在程序中可以像使用一个字符串变量一样使用它。它还可以作为一个输入参数传递给一个高阶方法或高阶函数。另外，它也可以被赋给一个变量。

Unit 2

学习单元 2

单元概述

本单元将学习如何搭建Spark集群和开发环境。此单元下的项目包括：

* 项目1：搭建Spark standalone集群

* 项目2：部署和运行Spark作业

* 项目3：安装和使用基于Web的notebook开发工具

* 项目4：安装和使用IntelliJ IDEA集成开发环境

通过项目1的学习，读者将能够独立搭建standalone模式的Spark集群，正确启动、监控和关闭Spark集群。通过项目2的学习，读者将掌握以交互方式进行Spark程序开发，以及提交Spark作业到Spark集群上运行的方法。通过项目3的学习，读者将掌握基于Web的notebook开发工具使用方法，方便地进行数据探索和分析工作。通过项目4的学习，读者将能够使用当前流行的集成开发环境IntelliJ IDEA开发Spark应用程序，并打包和部署到Spark集群上运行。

学习目标

通过本单元的学习，达成以下目标：

* 能够独立搭建和运行Spark standalone集群

* 熟练掌握各种Spark开发工具的应用，如spark-shell、spark submit、zeppelin notebook、IDEA IDE等

搭建 Spark standalone 集群

项目描述

随着某公司业务的发展，数据量快速增长，基于大数据的数据分析成为公司迫切的需求。通过市场调研，公司决定搭建一个 Spark 集群作为大数据分析平台。在正式投入生产环境之前，先在虚拟机上搭建 Spark standalone 模式的 Spark 集群。

搭建 Spark 集群的软件要求：CentOS 7.x 操作系统；JDK 8；Spark 2.3.2。

在搭建 Spark 集群前，确保已经具备以下条件。

1）CentOS 7.x 操作系统中已安装了 JDK 8，并配置了 JDK 环境变量。

2）已配置了 SSH 无密码登录。

任务 1　验证安装环境

任务分析

Scala 是一种基于 Java 虚拟机（JVM）的语言。Scala 编译器将 Scala 应用程序编译成 Java 字节码，可以在任何 JVM 上运行。因此，搭建 Spark 集群的前提条件之一是确保已经安装了 JDK 8，并配置了环境变量。

Spark 集群要求从主节点到从节点的 SSH 无密码登录，因此，在搭建 Spark standalone 集群之前，要确保在 CentOS 7.x 中已经配置了 SSH 无密码登录。

任务实施

1. 验证是否已经正确安装了 JDK

启动终端，输入以下命令，如图 2-1 所示。

```
File  Edit  View  Search  Terminal  Help
[hduser@localhost ~]$ javac -version
javac 1.8.0_181
[hduser@localhost ~]$ java -version
java version "1.8.0_181"
Java(TM) SE Runtime Environment (build 1.8.0_181-b13)
Java HotSpot(TM) 64-Bit Server VM (build 25.181-b13, mixed mode)
[hduser@localhost ~]$
```

图 2-1　验证 JDK 是否已安装

如果出现了 JDK 的版本号，说明安装正确，否则，在继续后面的步骤之前，请先安装 JDK 并配置好环境变量。

2．验证是否已经正确配置了 SSH 无密码登录

启动终端，输入以下命令，测试 SSH 配置。

```
$ ssh localhost
$ exit
```

如果不需要输入密码即可建立 SSH 连接，说明 SSH 无密码登录配置正确。否则，在继续安装之前，请先检查操作系统上的 SSH 无密码配置。

必备知识

1．JDK 的安装和配置

JDK 的安装和配置步骤如下。

1）下载 JDK 8 的安装包。本书使用的是 jdk-8u181-linux-x64.tar.gz，位于 CentOS 操作系统的 ~/software/ 目录。读者可到 Oracle 官网下载。

2）使用以下命令进入 /usr/local 目录。

```
$ cd /usr/local
```

3）进入 /usr/local 目录，将 JDK 安装包复制到当前目录。

```
$ cd /usr/local
$ sudo cp ~/software/jdk-8u181-linux-x64.tar.gz ./
```

4）解压缩 jdk-8u181-linux-x64.tar.gz，然后删除压缩文件。

```
$ sudo tar -zxvf jdk-8u181-linux-x64.tar.gz
$ sudo rm -f jdk-8u181-linux-x64.tar.gz
```

5）配置环境变量。

① 首先，打开配置文件。

```
$ sudo nano /etc/profile
```

② 在打开的 /etc/profile 文件中最后一行的后面添加以下内容。

```
export JAVA_HOME=/usr/local/jdk1.8.0_181
export CLASSPATH=.:$JAVA_HOME/lib/dt.jar:$JAVA_HOME/lib/tools.jar
export PATH=$JAVA_HOME/bin:$PATH
```

③ 按 <Ctrl+X> 组合键保存，然后执行 /etc/profile 文件（让配置生效）。

```
$ source /etc/profile
```

④ 验证环境变量是否配置正确。

```
$ javac -version
$ java -version
```

2．实现 SSH 无密码登录

安装 SSH 服务，实现集群中 SSH 无密码连接（从主节点到从节点的无密码登录）。

1）在终端窗口中执行以下命令（注意，如果 CentOS 已自带 SSH 服务，则略过此步）。

```
$ yum -y install ssh
$ ls -a
```

2）执行下面的命令，实现本地 SSH 登录，会发现需要输入密码。

```
$ ssh localhost
$ exit
```

3）执行以下命令，查看 .ssh 目录。

```
$ ls -a
```

4）进入 .ssh 目录。

```
$ cd .ssh
```

5）执行以下命令，生成公私钥。

```
$ ssh-keygen -t rsa
```

然后一直按 <Enter> 键。

6）执行以下命令，将公钥加入授权文件（注意，用户名可自行定义，此处为 hduser）。

```
$ ssh-copy-id hduser@localhost
```

7）执行以下命令，测试 SSH 无密码登录，这时会发现不再需要输入密码即可登录。

```
$ ssh localhost
$ exit
```

任务 2　下载和安装 Spark

任务分析

作为开源技术，Spark 官网提供可免费下载的安装包，只需下载最新的安装包即可。

在 Linux 操作系统上安装 Spark，包括两个步骤：1）解压缩安装包并配置环境变量；2）配置 Spark 的运行环境。

任务实施

1）首先，从官网下载 Spark 安装包，如图 2-2 所示。

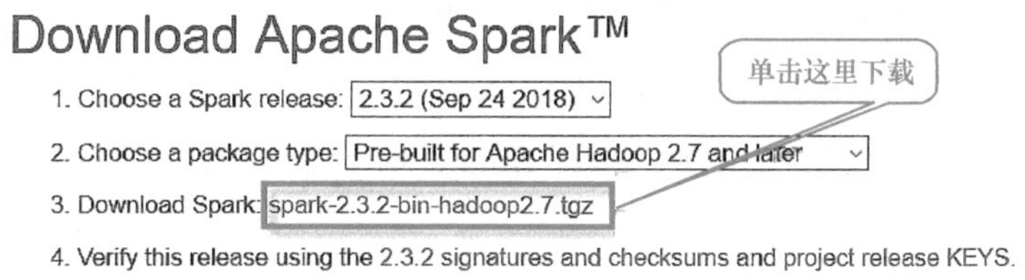

Download Apache Spark™

1. Choose a Spark release: 2.3.2 (Sep 24 2018) ∨
2. Choose a package type: Pre-built for Apache Hadoop 2.7 and later
3. Download Spark: spark-2.3.2-bin-hadoop2.7.tgz
4. Verify this release using the 2.3.2 signatures and checksums and project release KEYS.

单击这里下载

图 2-2　选择正确的 Spark 版本下载

下载安装包到～/software 目录。

2）安装 Spark。

① 将下载的安装包解压缩到用户主目录的 bigdata 目录，并改名为 spark-2.3.2。在终端窗口中执行以下命令。

```
$ cd ~/bigdata
$ tar xvf ~/software/spark-2.3.2-bin-hadoop2.7.tgz
$ mv spark-2.3.2-bin-hadoop2.7 spark-2.3.2
```

② 配置环境变量。使用文本编辑器（如 nano）打开 /etc/profile 文件，命令如下。

```
$ cd
$ sudo nano /etc/profile
```

③ 在打开的文件最后，添加以下内容。

```
export SPARK_HOME=/home/hduser/dt/spark-2.3.2
export PATH=$SPARK_HOME/bin:$PATH
```

保存文件并关闭。

④ 执行 /etc/profile 文件使配置生效。在终端窗口中执行以下命令。

```
$ source /etc/profile
```

3）设置 Spark 运行环境和配置参数。

① 在终端窗口中执行以下命令，进入 Spark 的 conf 目录。

```
$ cd ~/bigdata/spark-2.3.2/conf
```

② 打开 spark-env.sh 文件配置（默认没有该文件，需要复制模板文件并改名）。

```
$ cp spark-env.sh.template spark-env.sh
$ nano spark-env.sh
```

③ 在打开的文件最后加入以下内容并保存。

```
export JAVA_HOME=/usr/local/jdk1.8.0_181
export HADOOP_CONF_DIR=/home/hduser/bigdata/hadoop-2.7.3/etc/hadoop
export SPARK_DIST_CLASSPATH=$(/home/hduser/bigdata/hadoop-2.7.3/bin/hadoop classpath)
```

注：JAVA_HOME 对应的内容设为 JDK 主目录，HADOOP_CONF_DIR 对应的内容设为 Hadoop 安装目录。

4）测试 Spark 安装是否正确。

① Spark 配置完成后就可以直接使用，不需要像 Hadoop 那样运行启动命令（如果 Spark 不使用 HDFS 和 YARN，那么不需要启动 Hadoop 也可以正常使用。如果在使用 Spark 的过程中需要用到 HDFS，就要首先启动 Hadoop/HDFS）。

② 通过运行 Spark 自带的示例，验证 Spark 是否安装成功。在终端窗口中执行以下命令。

```
$ cd ~/bigdata/spark-2.3.2
$ ./bin/run-example SparkPi
```

③ 运行过程如图 2-3 和图 2-4 所示。

图 2-3 运行 Spark 自带的 PI 计算程序

图 2-4 查看 Spark 自带的 PI 程序计算结果

5）启动和关闭 Spark 集群（standalone 模式）。

① 启动 Spark 集群的 master 进程。在终端窗口中执行以下命令。

$ cd ~/bigdata/spark-2.3.2

$ ./sbin/start-master.sh

② 使用 Web 接口查看。打开浏览器，查看 Web UI：http://master:8080，如图 2-5 所示。

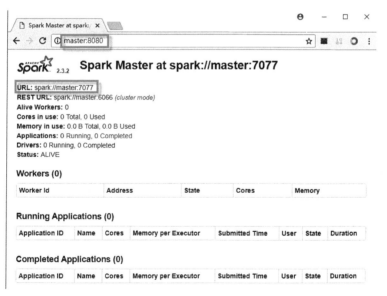

图 2-5 使用 Web UI 查看

看到显示 master url：URL: spark://master:7077。

③ 启动 spark 集群的 slaves 进程。在终端窗口中执行以下命令。

$ ./sbin/start-slaves.sh --master spark://master:7077

也可以在启动时指定 executor 的内容大小和使用 CPU 核的数量。

$ ./sbin/start-slaves.sh --master spark://hadoop:7077 --executor-memory 512m --total-executor-cores 2

④ 使用 Web 接口查看。打开浏览器查看 http://master:8080，可以看到新的节点列表，

带有其 CPU 的数量和内存（注意，需要保留一个 G 的内存给操作系统），如图 2-6 所示。

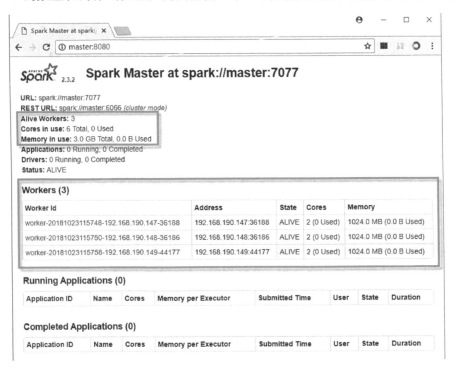

图 2-6　在 Spark Web UI 中查看节点列表信息

⑤ 也可用下面的命令代替以同时启动 master 和 slaves，但是注意不要与 Hadoop 的 start-all.sh 冲突。

```
$ ./sbin/start-all.sh
```

⑥ 使用 jps 命令，查看当前有哪些进程，如图 2-7 所示。

```
$ jps
```

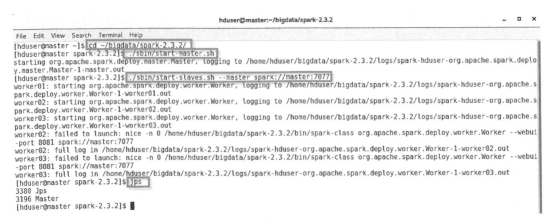

图 2-7　使用 jps 命令查看当前 Java 进程

⑦ 关闭 Spark 集群。在终端窗口中执行以下命令，先停止 workers 进程，再停止 master 进程。

```
$ cd ~/bigdata/spark-2.3.2
$ ./sbin/stop-slaves.sh
$ ./sbin/start-master.sh
```

⑧ 也可以使用以下命令同时停止 workers 进程和 master 进程。

```
$ ./sbin/stop-all.sh
```

必备知识

Spark 本地模式（local 模式）：常用于本地开发测试。在安装 Spark 之前，要确保已经安装了 JDK 8 并正确地配置了环境变量。

另外需要在 Spark 的 conf/spark-env.sh 文件中配置 HADOOP_CONF_DIR 和 SPARK_DIST_CLASSPATH。有了这些配置信息以后，Spark 就可以把数据存储到 Hadoop 分布式文件系统 HDFS 中，也可以从 HDFS 中读取数据。如果没有配置这些信息，那么 Spark 只能读写本地数据，无法读写 HDFS 数据。

Spark 集群要求从 master 节点到各个 worker 节点的 SSH 无密码登录。

在启动 Spark 集群时，要先启动 master 节点，再启动 workers 节点；在关闭 Spark 集群时，要先关闭 workers 节点，再关闭 master 节点。

Spark 集群的 standalone 部署模式不要求启动 Hadoop。但是在实际生产环境下，通常使用 HDFS 来存储海量数据，因此需要 Spark 读取 HDFS 上的数据，这时就需要在运行 Spark 程序之前，先启动 Hadoop/HDFS。

部署和运行 Spark 作业

项目描述

在搭建好 Spark 集群之后，要学习如何在 Spark 集群上执行计算分析任务。Spark 为用户提供了多种使用方式。在本项目中，将以不同方式完成两项任务，分别是：

* 使用 spark-shell 执行交互式开发
* 使用 spark-submit 提交 Spark 作业

任务 1　使用 **spark-shell** 执行交互式开发

任务分析

在进行数据分析的时候，通常需要进行交互式数据探索和数据分析。为此，Spark 提供

了一个交互式的工具 Spark Shell。通过 Spark Shell，用户可以和 Spark 进行实时交互，以进行数据探索、数据清洗和整理以及交互式数据分析等工作。

任务实施

（1）启动和退出 Spark Shell

① 启动 Spark Shell 方式一：local 模式。在终端窗口中执行以下命令。

```
$ cd ~/bigdata/spark-2.3.2
$ ./bin/spark-shell
```

执行过程如图 2-8 所示。

```
File  Edit  View  Search  Terminal  Help
[hduser@master spark-2.3.2]$ ./bin/spark-shell   启动 Spark Shell
SLF4J: Class path contains multiple SLF4J bindings.
SLF4J: Found binding in [jar:file:/home/hduser/bigdata/spark-2.3.2/jars/slf4j-log4j12-1.7.16.
class]
SLF4J: Found binding in [jar:file:/home/hduser/bigdata/hadoop-2.7.3/share/hadoop/common/lib/
/StaticLoggerBinder.class]
SLF4J: See http://www.slf4j.org/codes.html#multiple_bindings for an explanation.
SLF4J: Actual binding is of type [org.slf4j.impl.Log4jLoggerFactory]
18/10/23 14:05:50 WARN NativeCodeLoader: Unable to load native-hadoop library for your platfo
applicable
Setting default log level to "WARN".
To adjust logging level use sc.setLogLevel(newLevel). For SparkR, use setLogLevel(newLevel).
Spark context Web UI available at http://master:4040
Spark context available as 'sc' (master = local[*], app id = local-1540274761821).
Spark session available as 'spark'.
Welcome to
                                                                        Spark Shell 中已经默认创建了
      ____              __                                              两个对象实例：sc 和 spark
     / __/__  ___ _____/ /__
    _\ \/ _ \/ _ `/ __/  '_/
   /___/ .__/\_,_/_/ /_/\_\   version 2.3.2
      /_/

Using Scala version 2.11.8 (Java HotSpot(TM) 64-Bit Server VM, Java 1.8.0_162)
Type in expressions to have them evaluated.
Type :help for more information.                    这里输入交互式操作命令

scala>
```

图 2-8　以本地模式运行 Spark

从上图中可以看出，Spark Shell 在启动时已经创建好 SparkContext 对象的实例 sc 和 SparkSession 对象的实例 spark。用户可以在 Spark Shell 中直接使用 sc 和 spark 这两个对象。另外，默认情况下启动的 Spark Shell 采用 local 部署模式。

② 退出 Spark Shell，在 scala 命令提示符下执行以下命令。

```
scala> :quit
```

③ 启动 Spark Shell 方式二：standalone 模式。

首先要确保启动了 Spark 集群，然后指定 --master spark://master:7077 参数。在终端窗口中执行以下命令。

```
$ cd ~/bigdata/spark-2.3.2
$ ./sbin/start-all.sh
```

```
$ ./bin/spark-shell --master spark://master:7077
```

执行过程如图 2-9 所示。

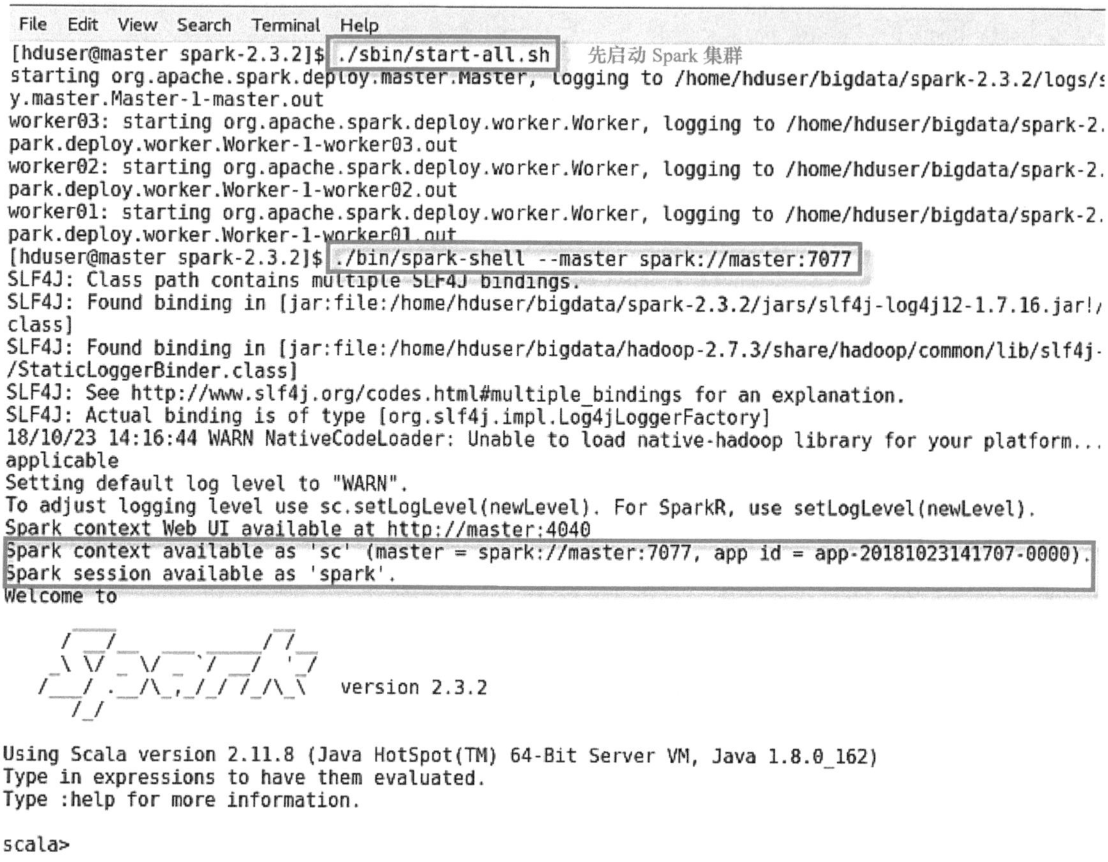

```
File  Edit  View  Search  Terminal  Help
[hduser@master spark-2.3.2]$ ./sbin/start-all.sh    先启动 Spark 集群
starting org.apache.spark.deploy.master.Master, logging to /home/hduser/bigdata/spark-2.3.2/logs/s
y.master.Master-1-master.out
worker03: starting org.apache.spark.deploy.worker.Worker, logging to /home/hduser/bigdata/spark-2.
park.deploy.worker.Worker-1-worker03.out
worker02: starting org.apache.spark.deploy.worker.Worker, logging to /home/hduser/bigdata/spark-2.
park.deploy.worker.Worker-1-worker02.out
worker01: starting org.apache.spark.deploy.worker.Worker, logging to /home/hduser/bigdata/spark-2.
park.deploy.worker.Worker-1-worker01.out
[hduser@master spark-2.3.2]$ ./bin/spark-shell --master spark://master:7077
SLF4J: Class path contains multiple SLF4J bindings.
SLF4J: Found binding in [jar:file:/home/hduser/bigdata/spark-2.3.2/jars/slf4j-log4j12-1.7.16.jar!/
class]
SLF4J: Found binding in [jar:file:/home/hduser/bigdata/hadoop-2.7.3/share/hadoop/common/lib/slf4j-
/StaticLoggerBinder.class]
SLF4J: See http://www.slf4j.org/codes.html#multiple_bindings for an explanation.
SLF4J: Actual binding is of type [org.slf4j.impl.Log4jLoggerFactory]
18/10/23 14:16:44 WARN NativeCodeLoader: Unable to load native-hadoop library for your platform...
applicable
Setting default log level to "WARN".
To adjust logging level use sc.setLogLevel(newLevel). For SparkR, use setLogLevel(newLevel).
Spark context Web UI available at http://master:4040
Spark context available as 'sc' (master = spark://master:7077, app id = app-20181023141707-0000).
Spark session available as 'spark'.
Welcome to
      ____              __
     / __/__  ___ _____/ /__
    _\ \/ _ \/ _ `/ __/  '_/
   /___/ .__/\_,_/_/ /_/\_\   version 2.3.2
      /_/

Using Scala version 2.11.8 (Java HotSpot(TM) 64-Bit Server VM, Java 1.8.0_162)
Type in expressions to have them evaluated.
Type :help for more information.

scala>
```

图 2-9　以集群模式运行 Spark

（2）Spark Shell 常用命令

① 可以在 Spark Shell 中输入 scala 代码进行调试，如图 2-10 所示。

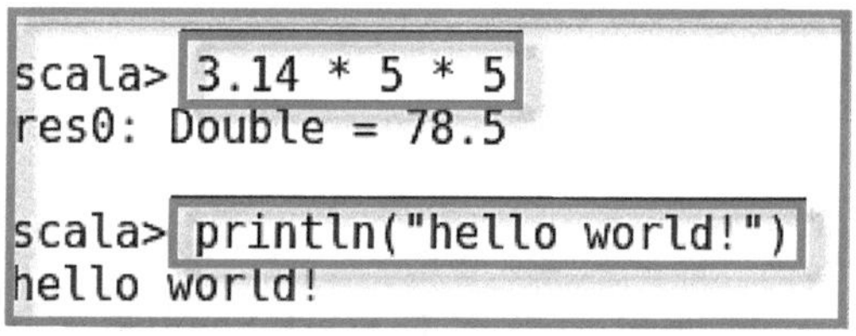

```
scala> 3.14 * 5 * 5
res0: Double = 78.5

scala> println("hello world!")
hello world!
```

图 2-10　在 Spark Shell 中交互执行代码

② 可以在 Spark Shell 中输入以下帮助命令，查看 Spark Shell 常用的命令，如图 2-11 所示。

```
scala> :help
```

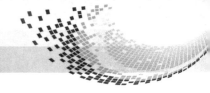

```
File  Edit  View  Search  Terminal  Help
scala> 3.14 * 5 * 5
res0: Double = 78.5

scala> println("hello world!")
hello world!

scala> :help
All commands can be abbreviated, e.g., :he instead of :help.
:edit <id>|<line>           edit history
:help [command]             print this summary or command-specific help
:history [num]              show the history (optional num is commands to show)
:h? <string>               search the history
:imports [name name ...]   show import history, identifying sources of names
:implicits [-v]            show the implicits in scope
:javap <path|class>        disassemble a file or class name
:line <id>|<line>          place line(s) at the end of history
:load <path>               interpret lines in a file
:paste [-raw] [path]       enter paste mode or paste a file
:power                     enable power user mode
:quit                      exit the interpreter
:replay [options]          reset the repl and replay all previous commands
:require <path>            add a jar to the classpath
:reset [options]           reset the repl to its initial state, forgetting all session entries
:save <path>               save replayable session to a file
:sh <command line>         run a shell command (result is implicitly => List[String])
:settings <options>        update compiler options, if possible; see reset
:silent                    disable/enable automatic printing of results
:type [-v] <expr>          display the type of an expression without evaluating it
:kind [-v] <expr>          display the kind of expression's type
:warnings                  show the suppressed warnings from the most recent line which had any

scala> :history
  1  :q
  2  :quit
  3  :help
  4  3.14 * 5 * 5
  5  println("hello world!")
  6  :help
  7  :history
```

图 2-11 查看 Spark Shell 常用命令

必备知识

Spark Shell 支持 Scala 和 Python 语言。

Spark Shell 在启动时，已经创建好 SparkContext 对象的实例 sc 和 SparkSession 对象的实例 spark。用户可以在 Spark Shell 中直接使用 sc 和 spark 这两个对象。

Spark Shell 本身就是一个 Driver 程序，里面已经包含了 main 方法（一个 Driver 程序包括 main 方法和分布式数据集）。

spark-shell 命令及其常用的参数如下。

./bin/spark-shell [options]

Spark 的运行模式取决于传递给 SparkContext 的 Master URL 的值，这是通过 --master 参数指定的。参数选项 --master 表示当前的 Spark Shell 要连接到哪个 master，如果是 local[*]，则是使用本地模式启动 spark-shell，其中，中括号内的星号表示需要使用几个 CPU 核心（core），也就是启动几个线程来模拟 Spark 集群。参数选项默认为 local。

要查看完整的参数选项列表，可以执行"spark-shell --help"命令。

$ spark-shell --help

Master URL（即 --master 参数）的值见表 2-1 和表 2-2。

表 2-1　本地部署时的 Master URL 模式

部 署 模 式	Master URL	说　明
本地部署	local	使用一个 worker 线程本地化运行 Spark（完全不并行），相当于 local[1]
	local[N]	使用 N 个 worker 线程本地化遇运行 Spark（最好 K＝机器的 CPU 核数）
	local[*]	使用逻辑 CPU 个数数量的线程来本地化运行 Spark

表 2-2　集群部署时的 Master URL 模式

部 署 模 式	集群管理器	Master URL	说　明	示　例
集群部署	standalone	spark://HOST:PORT	连接到指定的 spark master	Spark://master:7077
	on YARN	yarn	连接到 yarn 集群	yarn
	on MeSOS	mesos://HOST:PORT	连接到指定的 mesos 集群	mesos://master:5050

任务 2　使用 spark-submit 提交 Spark 作业

任务分析

对于公司大数据的批量处理或周期性数据分析 / 处理任务，通常采用编写好的 Spark 程序，并通过 spark-submit 指令的方式提交给 Spark 集群进行具体的任务计算，spark-submit 指令可以指定一些向集群申请资源的参数。

任务实施

提交 SparkPi 程序（Scala 语言编写），计算 Pi 值。

1）打开终端窗口。

2）确保已经启动了 Spark 集群（standalone）模式。

3）进入 Spark 主目录，执行以下操作。

```
$ cd ~/bigdata/spark-2.3.2
$ ./bin/spark-submit --master spark://master:7077
            --class org.apache.spark.examples.SparkPi
            examples/jars/spark-examples_2.11-2.3.2.jar
```

说明：

① --master 参数指定要连接的集群管理器，这里是 standalone 模式。

② --calss 参数指定要执行的主类名称（带包名的全限定名称）。

③ 最后一个参数是所提交的 .jar 包。

4）运行结果如图 2-12 所示。

```
File  Edit  View  Search  Terminal  Help
[hduser@master spark-2.3.2]$ ./bin/spark-submit --master spark://master:7077 --class org.apache.spark.examples.SparkPi examples/jars
/spark-examples 2.11-2.3.2.jar
SLF4J: Class path contains multiple SLF4J bindings.
```

图 2-12 提交 SparkPi 示例程序

在输出信息中，找到计算并输出的 Pi 值，如图 2-13 所示。

```
18/10/23 15:20:24 INFO DAGScheduler: ResultStage 0 (reduce at SparkPi.scala:38) finished in 2.924
18/10/23 15:20:24 INFO DAGScheduler: Job 0 finished: reduce at SparkPi.scala:38, took 3.136295 s
Pi is roughly 3.1415557077785388
18/10/23 15:20:24 INFO SparkUI: Stopped Spark web UI at http://master:4040
```

图 2-13 SparkPi 示例程序计算结果

必备知识

对于数据的批处理，通常采用编写程序、打 JAR 包提交给集群来执行，这需要使用 Spark 自带的 spark-submit 工具。

1）在 Linux 环境下，可通过 spark-submit --help 来了解 spark-submit 指令的各种参数说明。例如，在终端窗口中执行以下命令，可查看该指令的参数说明。

```
$ cd ~/bigdata/spark-2.3.2
$ ./bin/spark-submit --help
```

2）spark-submit 语法如下。

```
$ ./bin/spark-submit [options] <app jar | python file> [app options]
```

其中 options 的主要标志参数说明如下。

① --master：指定要连接到的集群管理器。

② -deploy-mode：是否要在本地（client）启动驱动程序，或者在集群中（cluster）的一台 worker 机器上启动。在 client 模式下，spark-submit 将在 spark-submit 被调用的机器上运行驱动程序。在 cluster 模式下，驱动程序会被发送到集群的一个 worker 节点上去执行。默认是 client 模式。

③ --class：应用程序的主类（带有 main 方法的类）。

④ --name：应用程序易读的名称，这将显示在 Spark 的 web UI 上。

⑤ --jars：一系列 jar 文件的列表，会被上传并设置到应用程序的 classpath 上。如果用户的应用程序依赖于少量的第三方 JAR 包，则可以将它们加到这里（逗号分隔）。

⑥ --files：一系列文件的列表，会被添加到应用程序的工作目录。这个标志参数可被用于想要分布到每个节点上的数据文件。

⑦ --py-files：一系列文件的列表，会被添加到应用程序的 PYTHONPATH 中。可以包括 .py、.egg 或 .zip 文件。

⑧ --executor-memory：executor 使用的内存数量，以字节为单位。可以指定不同的扩展名，如"512m"或"15g"。

⑨ --driver-memory：driver 进程所使用的内存数量，以字节为单位。可以指定不同的扩展名，如"512m"或"15g"。

项目 **3**

安装和使用基于 Web 的 notebook 开发工具

项目描述

对于公司的数据分析人员来说，虽然 spark shell 提供了交互式数据查询的功能，但是他们更喜欢使用的是基于 Web 的 notebook 类工具。为此，公司经过调研，决定采用 Zeppelin 作为公司的交互式数据分析工具。

任务 1　下载和安装 Zeppelin

任务分析

Apache Zeppelin 提供了 Web 版的类似 IPython 的 notebook，用于做数据分析和可视化。背后可以接入不同的数据处理引擎，包括 Spark、Hive、Tajo 等，原生支持 Scala、Java、Shell、Markdown 等。Zeppelin 是一个开源的软件，可以直接从官网下载。

任务实施

1．下载 Zeppelin 安装包

选择最新的版本下载即可，如图 2-14 所示。

图 2-14　下载 Zeppelin 安装包

下载安装包到～ /software 目录下。

2. 安装和配置 zeppelin

1）将下载的安装包解压缩到～ /bigdata 目录下，并改名为 zeppelin-0.8.0。在终端窗口中执行以下命令。

```
$ cd ~/bigdata
$ tar xvf ~/software/zeppelin-0.8.0-bin-all.tgz
$ mv zeppelin-0.8.0-bin-all zeppelin-0.8.0
```

2）配置环境变量。在终端窗口中执行以下命令。

```
$ cd
$ sudo nano /etc/profile
```

3）在文件最后添加以下内容。

```
export ZEPPELIN_HOME=/home/hduser/bigdata/zeppelin-0.8.0
export PATH=$PATH:$ZEPPELIN_HOME/bin
```

保存文件并关闭。

4）执行 /etc/profile 文件使得配置生效。在终端窗口中执行以下命令。

```
$ source /etc/profile
```

5）打开 conf/zeppelin-env.sh 文件（从模板中复制一份）。

```
$ cd ~/bigdata/zeppelin-0.8.0/conf
$ cp zeppelin-env.sh.template zeppelin-env.sh
$ gedit zeppelin-env.sh
```

6）在文件最后添加以下内容。

```
export JAVA_HOME=/usr/local/jdk1.8.0_181
export SPARK_HOME=/home/hduser/bigdata/spark-2.3.2
```

7）打开 zeppelin-site.xml 文件（从模板中复制一份）。

```
$ cd ~/bigdata/zeppelin-0.8.0/conf
$ cp zeppelin-site.xml.template zeppelin-site.xml
$ gedit zeppelin-site.xml
```

修改以下两个属性，设置新的端口号以避免冲突。

```
<property>
  <name>zeppelin.server.port</name>
  <value>9090</value>
  <description>Server port.</description>
</property>

<property>
  <name>zeppelin.server.ssl.port</name>
  <value>9443</value>
  <description>Server ssl port. (used when ssl property is set to true)</description>
</property>
```

Zeppelin 提供了基于 Web 的 notebook 工具，以非常友好的方式实现交互式数据分析，特别适合数据分析人员和开发人员进行代码调试和数据探索。

配置 Zeppelin 的关键是选择合适的 Spark 解释器，并配置正确的参数。

在 Zeppelin 中创建的文档，可以导出 json 格式的文件，然后分发到另一台机器上，再导入 Zeppelin 中进行编辑和执行。

任务 2　配置 Spark 解释器

任务分析

Zeppelin notebook 支持各种解释器，允许对数据执行许多操作。Zeppelin 默认使用自带的 Spark 库，并使用 Local 模式运行 Spark 程序。如果想要使用自己搭建的 Spark 集群，就需要配置 Spark 解释器。

任务实施

1．启动 Zeppelin 服务

在终端窗口中执行以下命令，启动 Zeppelin 服务。

```
$ zeppelin-daemon.sh start
```

执行过程如图 2-15 所示。

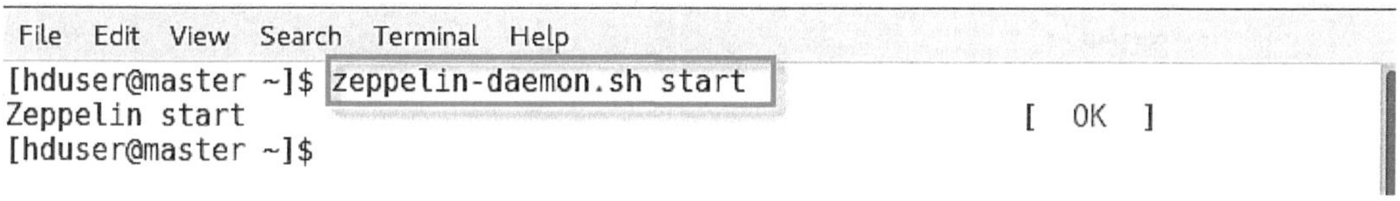

```
File  Edit  View  Search  Terminal  Help
[hduser@master ~]$ zeppelin-daemon.sh start
Zeppelin start                                              [  OK  ]
[hduser@master ~]$
```

图 2-15　启动 Zeppelin 服务器

2．配置 Spark 解释器

1）首先启动浏览器，在浏览器地址栏输入：http://master:9090/，打开访问界面，如图 2-16 所示。单击右上角的小三角按钮，打开下拉菜单，单击"Interpreter"菜单项，打开解释器配置界面。

2）打开的解释器配置界面如图 2-17 所示。按图中所示找到 spark 解释器，然后修改 master 属性值为 spark://master:7077（实际上是连接到的集群管理器，这里使用的是 spark standalone 模式，相当于启动 Spark Shell 时指定 --master 参数），然后单击"Save"按钮保存。其他参数酌情设置。

图 2-16　打开访问界面

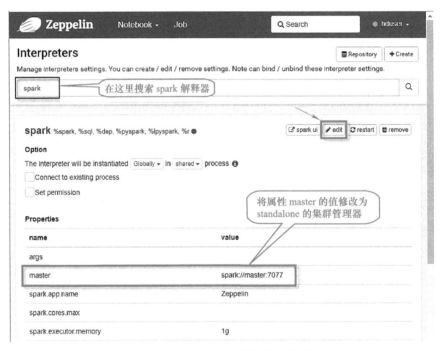

图 2-17　打开 Zeppelin 解释器配置界面

必备知识

如果使用 Spark local 模式，此步骤可省略。如果使用 Spark standalone 模式，则需要配置 Spark 解释器。

任务 3　创建和执行 notebook

任务分析

要执行 Spark 代码，首先需要在 Zeppelin 中创建 notebook 笔记本。在每个创建的

notebook 笔记本中，有单独的代码单元。可以在代码单元中输入 spark 程序代码，并交互式地执行。接下来的任务是创建和执行 notebook。

任务实施

1．创建 notebook 文件

1）回到浏览器 Zeppelin 首页，单击"Create new note"按钮创建一个新的 notebook 文件，如图 2-18 所示。

图 2-18　创建新的 notebook 文件

2）在弹出的创建窗口中填写相应信息，然后单击"Create"按钮即可，如图 2-19 所示。

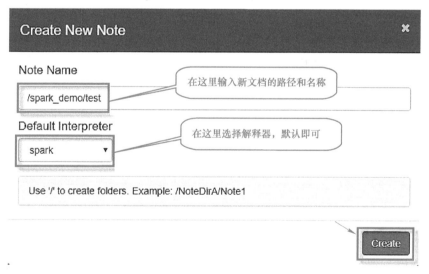

图 2-19　指定 notebook 文件的路径和名称

2．执行 Spark 交互式操作

在新打开的 notebook 界面执行 Spark 代码，如图 2-20 所示（说明：如果是在 standalone 模式下使用 Zeppelin，则先启动 Spark 集群）。

3．关闭 Zeppelin 服务

在终端窗口中执行以下命令，停止 Zeppelin 服务。

```
$ zeppelin-daemon.sh stop
```

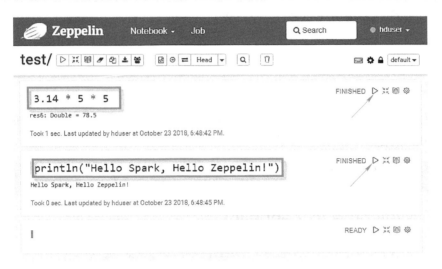

图 2-20　在 notebook 中交互执行代码

必备知识

Zeppelin 提供了基于 Web 的 notebook 工具，以非常友好的方式实现交互式数据分析，特别适合于数据分析人员和开发人员进行代码调试和数据探索。

配置 Zeppelin，关键是选择合适的 Spark 解释器，并配置正确的参数。

在 Zeppelin 中创建的文档，可以导出为 json 格式的文件，然后分发到另一台机器上，再导入 Zeppelin 中进行编辑和执行。

安装和使用 IntelliJ IDEA 集成开发环境

项目描述

到目前为止，学习 Spark 时使用的都是 Zeppelin 或 Spark shell 这样的交互式工具，适用于数据探索性分析。但有时候需要跑长任务的 job 作业，这就需要开发 Spark 应用程序，并打成 JAR 包，部署到 Spark 集群上来运行。

要开发 Spark 应用程序，普遍采用 IntelliJ Idea 集成开发环境。在对 Spark 代码进行打包编译时，既可以采用 Maven，也可以采用 SBT，但更多使用 SBT。因此这里使用 IntelliJ Idea 编写 Spark 应用程序，使用 SBT 作为构建管理器，这也是官方推荐的开发方式（安装 Scala 插件时，该 Scala 插件自带 SBT 工具）。

在本项目中，将了解如何设置 IntelliJ IDEA，如何使用 SBT 来管理依赖项，如何打包和部署 Spark 应用程序，以及如何将实时程序连接到调试器。

任务 1　安装和配置 IntelliJ IDEA

IDEA 每个版本提供 Community 和 Ultimate 两个版本。其中 Community 是完全免费的，而 Ultimate 版本可以免费使用 30 天，之后就会收费。开发 Spark 应用程序下载最新的 Community 版本即可。

IDEA 默认情况下并没有安装 Scala 插件，需要手动进行安装。

1．安装 IntelliJ IDEA

1）首先在官网下载 IDEA。

2）双击下载的 exe 文件进行安装，如图 2-21 所示（版本有可能不同，下载最新版本即可）。

idealU-2018.2.5	2018/10/23 15:35	应用程序	533,426 KB

图 2-21　IDEA 安装程序

3）接下来一直单击"Next"按钮，如图 2-22 所示。

图 2-22　开始安装 IDEA

4）选择安装路径（记住此安装路径，后面会用到）并安装，如图 2-23 ～图 2-25 所示。

图 2-23　选择安装路径

图 2-24　默认安装

图 2-25　单击"Install"按钮开始安装

5）安装需要一些时间，耐心等待安装，如图 2-26 所示。

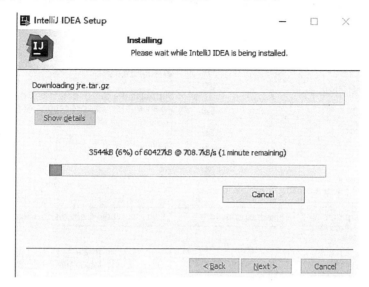

图 2-26　显示安装过程和进度

6）到这里就安装完成了，如图 2-27 所示。

图 2-27　IDEA 安装结束

2．配置 Scala 环境

在 IDEA 中开发 Spark 应用程序，需要安装 Scala 插件，安装过程并不复杂。

1）首先启动 IntelliJ IDEA。

2）在启动界面上选择"Configure"→"Plugins"命令（或者在项目界面，选择"File"→"Settings…"→"Plugins"命令），然后弹出插件管理界面，在该界面上列出所有安装好的插件。由于没有安装 Scala 插件，需要单击"Install JetBrains plugins"按钮进行安装，如图 2-28 所示。

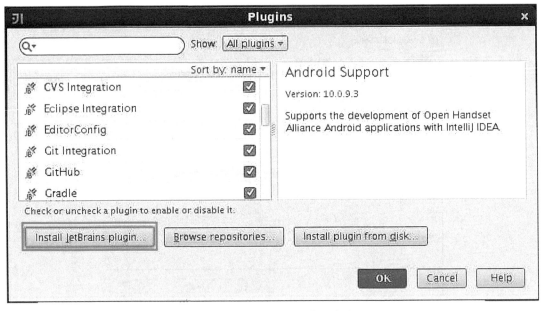

图 2-28　打开 Plugins 安装插件界面

　　3) 待安装的插件很多，可以通过查询或者按字母顺序找到 Scala 插件。选择插件后在界面的右侧出现该插件的详细信息，单击绿色"Install"按钮安装插件，如图 2-29 所示。

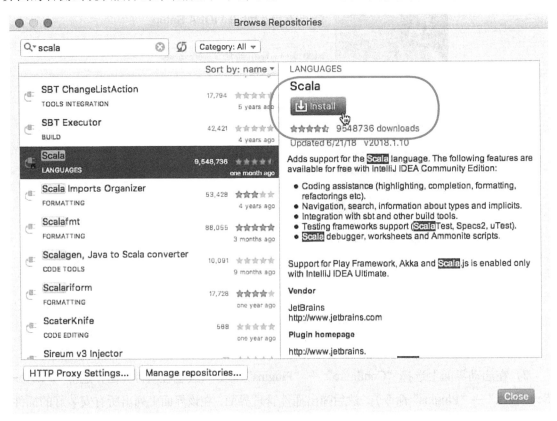

图 2-29　选择安装 Scala 插件

4）安装过程将出现安装进度界面，通过该界面了解插件安装进度，如图 2-30 所示。

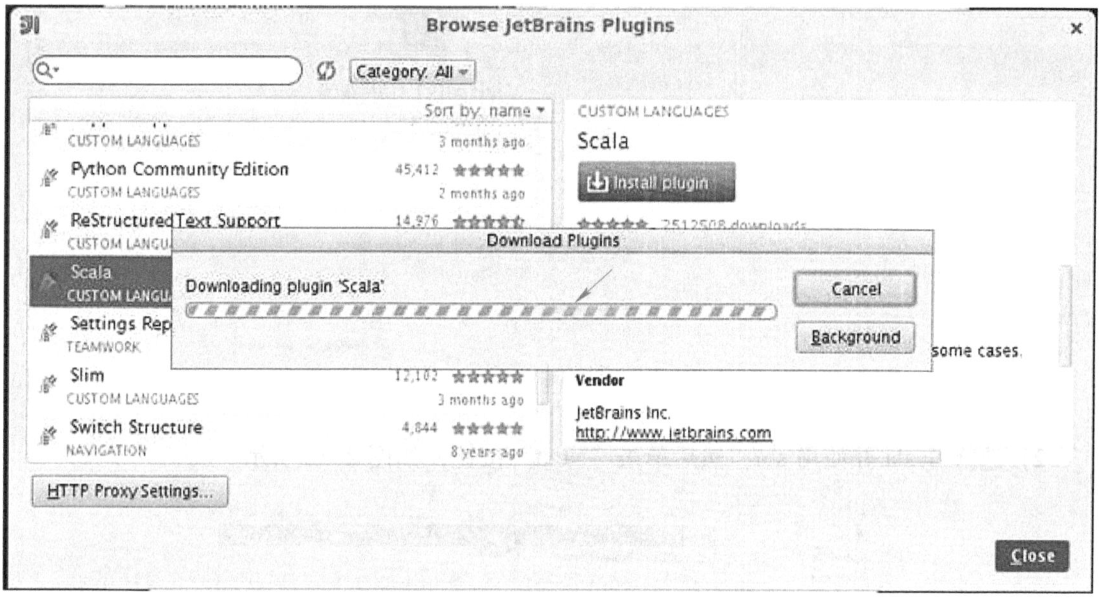

图 2-30　显示插件安装进度

5）最后重启 IntelliJ，让插件生效。

现在已经安装了 IntelliJ、Scala 和 SBT，可以开始构建 Spark 程序了。

必备知识

IntelliJ IDEA（简称 IDEA），是 JetBrains 公司的产品，是 Java 语言开发的集成环境。IntelliJ 被公认为最好的 Java 开发工具之一，尤其在智能代码助手、代码自动提示、重构、J2EE 支持、Ant、JUnit、CVS 整合、代码审查、创新的 GUI 设计等方面。

任务 2　创建 Spark 应用程序

任务分析

在本任务中将创建一个简单的 Spark 应用程序，实现对莎士比亚的文集执行单词计数。

任务实施

1．创建 Spark 项目

按以下步骤创建一个新的 Spark 项目。

1）单击"Create New Project"创建一个新项目，如图 2-31 所示。

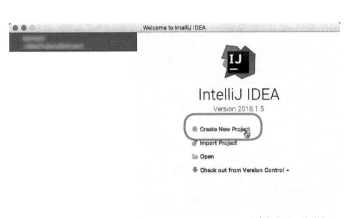

图 2-31　在 IDEA 中创建新项目

2）选择 Scala 并使用 sbt，然后单击"Next"按钮，如图 2-32 所示。

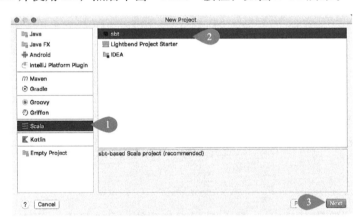

图 2-32　选择 Scala → sbt 项目类型

3）将项目命名为"HelloScala"，并选择合适的 sbt 和 Scala 版本，如图 2-33 所示。

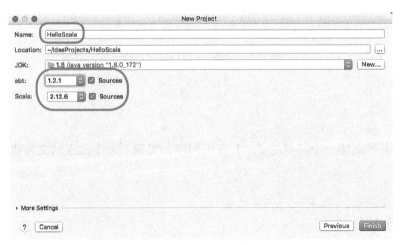

图 2-33　输入项目名称

4）单击"Finish"按钮。IntelliJ 应该创建一个具有默认目录结构的新项目。生成所需的所有文件夹可能需要一两分钟，最终的文件夹结构如图 2-34 所示。

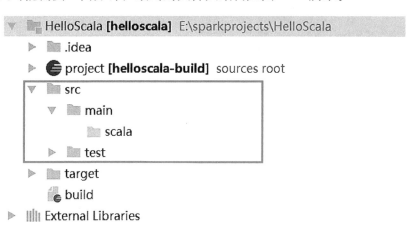

图 2-34　项目结构

下面了解一下项目结构。

.idea：这些是 IntelliJ 的配置文件。

project：编译期间使用的文件。例如，build.properties 允许更改编译项目时使用的 SBT 版本。

src：源代码。大多数代码应该放在 main 目录下，为测试脚本保留 test 文件夹。

target：当编译项目时，会生成这个文件夹。

build.sbt：sbt 配置文件。使用该文件导入第三方库和文档。

2．配置 SBT 构建文件

在开始编写 Spark 应用程序之前，需要将 Spark 库和文档导入 IntelliJ。这里使用 SBT 作为项目的构建工具。

1）向文件 build.sbt 中添加以下内容。

```
name := "HelloScala"

version := "1.0"

scalaVersion := "2.11.12"

// https://mvnrepository.com/artifact/org.apache.spark/spark-core
libraryDependencies += "org.apache.spark" %% "spark-core" % "2.3.2"
```

2）确保更改被导入时没有任何问题，如图 2-35 所示。

3）保存文件后，IntelliJ 将自动导入运行 Spark 所需的库和文档。

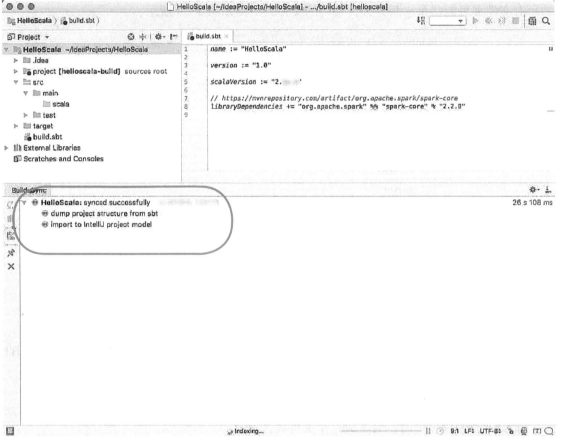

图 2-35　确保更改导入正确

3．准备数据文件

需要保存 shakespeare.txt 数据集的两个副本，一个在项目中用于本地系统测试，另一个在 HDFS（Hadoop 分布式文件系统）中用于集群测试。

确保已经启动了 HDFS。在终端窗口中执行以下命令，将 shakespeare.txt 上传到 HDFS 上。

```
$ hdfs dfs -put shakespeare.txt /data/spark_demo/
```

4．创建 Spark 应用程序

现在，准备开始 Spark 应用程序。

1）回到 IDEA IDE，在 src/main 下创建一个名为 resources 的文件夹，并将 shakespear.txt 复制到该文件夹下，如图 2-36 所示。

2）在 "HelloScala/src/main/scala" 下创建一个新类。右击选择 "scala" → "New" → "Scala Class" 命令，如图 2-37 所示。

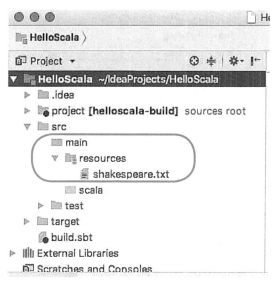

图 2-36　准备资源文件

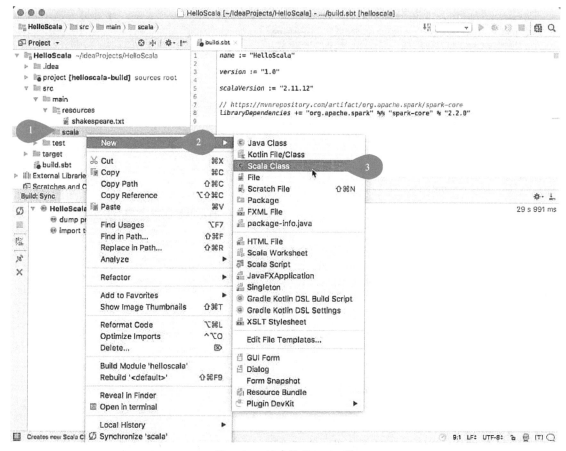

图 2-37　创建新的 Scala 类

3）IDE 会询问是创建 class、object 还是 trait。选择 object，将该文件命名为 HelloScala，如图 2-38 所示。

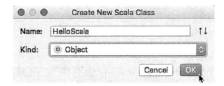

图 2-38　指定 Scala Object 名称

4）编辑该源文件，示例代码如下。

```scala
object HelloScala {
  def main(args: Array[String]): Unit = {
    println("HelloWorld!")
  }
}
```

5）在文本编辑器上右击，选择"Run 'HelloScala'"命令。如果一切正确，该 IDE 应该在正文的控制台窗口输出"HelloWorld!"，如图 2-39 所示。

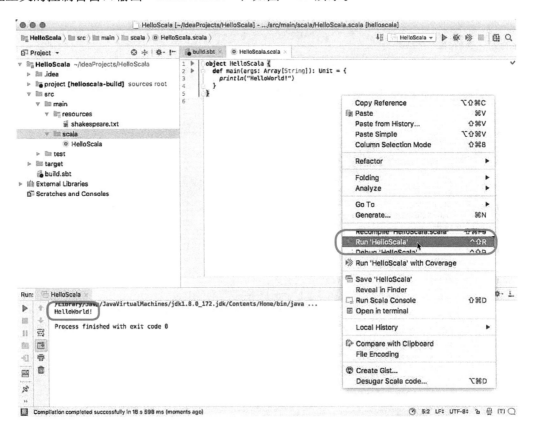

图 2-39　运行 Scala 程序

6）现在 IDEA 环境已经正确设置。接下来用以下代码替换源文件内容。

```scala
import org.apache.spark.{SparkConf, SparkContext}

object HelloScala {
```

```
def main(args: Array[String]) {

    // 创建一个 SparkContext 来初始化 Spark
    val conf = new SparkConf()
    conf.setMaster("local")
    conf.setAppName("Word Count")
    val sc = new SparkContext(conf)

    // 将文本加载到 Spark RDD 中，它是文本中每一行的分布式表示
    val textFile = sc.textFile("src/main/resources/shakespeare.txt")

    // word count
    val counts = textFile.flatMap(line => line.split(" "))
                         .map(word => (word, 1))
                         .reduceByKey(_ + _)

    counts.foreach(println)
    System.out.println(" 全部单词 : " + counts.count());

    // 将单词计数结果保存到指定文件中
    counts.saveAsTextFile("tmp/shakespeareWordCount")
  }

}
```

7）右击文本编辑器并选择 "Run ' HelloScala'" 来运行程序。这将运行 Spark 作业并打印莎士比亚作品中出现的每个单词的频率，输出结果如图 2-40 所示。

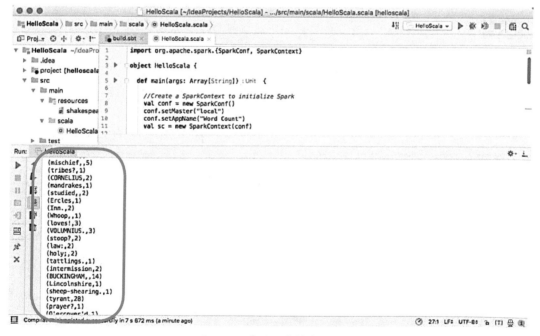

图 2-40　查看程序输出结果

8）此外，如果浏览指定的目录，将会在 tmp/shakespeareWordCount 目录下找到程序的输出。

```
counts.saveAsTextFile ("tmp/shakespeareWordCount");
```

必备知识

所有 SBT 格式的导入均采用"Group Id % Artifact Id % Revision"格式。在本任务中，Group Id 是"org.apache.spark"，Artifact Id 是"spark-core"。"%%"语法还附加了 Scala 版本，任务中将"spark-core"转换为"spark-core_2.2"。需要记住的重要一点是，Spark 的每个版本都被设计成与 Scala 的特定版本兼容，因此如果使用了错误的 Scala 版本，Spark 可能无法正确编译或运行。对于 Spark 2.3.x，需要使用 Scala 2.11.12。查看 Spark 文档以查看合适的版本。如果 SBT 导入库失败，那么可能需要搜索 mvn repository 来找出 build.sbt 文件的正确内容。

任务 3 部署分布式 Spark 应用程序

任务分析

接下来将重构上一任务的代码，修改其为分布式执行的 Spark 应用程序，并打包部署到 Spark 集群上去执行。

任务实施

1）修改源代码，示例代码如下（粗体部分）。

```
import org.apache.spark.{SparkConf, SparkContext}

object HelloScala {

  def main(args: Array[String]) {

    // 创建一个 SparkContext 来初始化 Spark
    val conf = new SparkConf()
    conf.setMaster("local")
    conf.setAppName("Word Count")
    val sc = new SparkContext(conf)

    // 将文本加载到 Spark RDD 中，它是文本中每一行的分布式表示
    val textFile = sc.textFile("hdfs://localhost:8020/data/spark_demo/shakespeare.txt")

    // word count
```

```
val counts = textFile.flatMap(line => line.split(" "))
                     .map(word => (word, 1))
                     .reduceByKey(_ + _)

counts.foreach(println)
System.out.println(" 全部单词 : " + counts.count());

// 将单词计数结果保存到指定文件中
counts.saveAsTextFile("hdfs://localhost:8020/data/spark_demo/shakespeareWordCount")
  }

}
```

以上代码告诉 Spark 读写 HDFS，而不是本地，确保保存该文件。

2）将项目打包为 JAR 文件。

把这些代码打包到一个已编译的 jar 文件中，该文件可以部署在 Spark 集群上。jar 是一个压缩文件，它包含代码和代码工作所需的所有依赖项。通过将代码打包为程序集，确保在代码运行时可以找到所有依赖的 jar 包。

① 首先找到 Projects 主文件夹的路径。右击主文件并选择"Copy Path"命令，将该路径复制到剪贴板上，如图 2-41 所示。

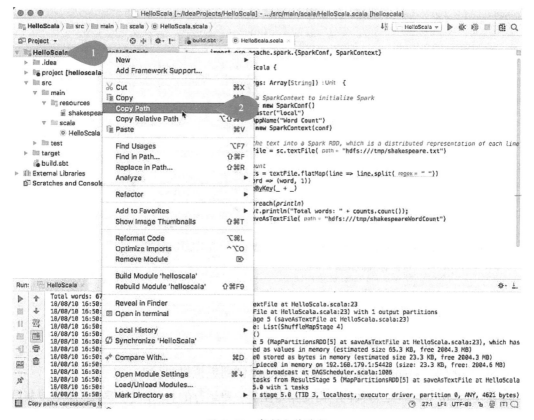

图 2-41　复制文件路径

②打开一个终端（或 cmd）窗口，将目录更改为刚才复制并运行的路径（或者在 IntelliJ IDEA 中选择"Tools"→"Start SBT Shell"命令，在编辑窗口下方打开 sbt shell 窗口，然后就可以应用 sbt 的 clean、compile、package 等命令进行打包操作）。

$ sbt package

③这将在文件夹 HelloScala/target/scala-2.11 下创建一个名为"helloscala_2.11-1.0"的编译过的 jar 文件（还可以通过菜单操作来打包，选择"File"→"Project Structrue…"命令，然后选择左侧的"Artifacts"命令，在右侧单击"+"按钮，增加一个新的 jar 包配置，最后单击"OK"按钮。回到 IDE 主界面，选择菜单项"Build"→"Build Artifacts"命令进行打包）。

④可以从 sbt package 的输出中找到 jar 包的位置，如图 2-42 所示。

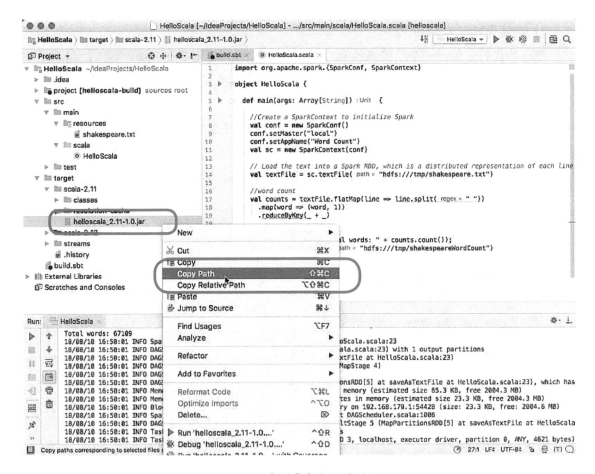

图 2-42　复制导出的 jar 包路径

3）提交 jar 包到 Spark 集群上运行。

①复制 jar 的绝对路径并使用它将该 jar 包复制到虚拟机中。

②使用 spark-submit 运行代码，需要指定主类、要运行的 jar 和运行模式（本地或集群）。

$ spark-submit --class HelloScala --master local ./helloscala_2.11-1.0.jar

③ 控制台应该打印莎士比亚作品中出现的每个单词的频率，如下所示。

```
...
(comutual,1)
(ban-dogs,1)
(rut-time,1)
(ORLANDO],4)
(Deceitful,1)
(commits,3)
(GENTLEWOMAN,4)
(honors,10)
(returnest,1)
(topp'd?,1)
(compass?,1)
(toothache?,1)
(miserably,1)
(hen?,1)
(luck?,2)
(call'd,162)
(lecherous,2)
...
```

④ 此外，可通过 HDFS 或 Web UI 查看输出文件的内容。

```
$ hdfs dfs -cat /data/spark_demo/shakespeareWordCount/part-00000
```

必备知识

在 IDE 中直接部署应用程序，是一种快速构建和测试应用程序的好方法。在生产环境中，Spark 通常会处理存储在 HDFS 等分布式文件系统中的数据。Spark 通常也以集群模式运行（即分布在许多机器上）。

单\元\小\结

1）Spark 运行时体系结构的典型组件是客户端进程、driver（驱动程序）和 executors。

2）Spark 可以在两种部署模式下运行：客户端部署模式和集群部署模式。这取决于驱动程序的位置。

3）Spark 支持 3 个集群管理器：Spark 独立集群、YARN 和 Mesos。Spark 本地模式是 Spark 独立集群的特殊情况。集群管理器管理为不同的 Spark 应用程序的 Spark executors（调度）资源。

4）Spark 可以通过配置文件使用命令行参数、系统环境变量并对编程方式进行配置。

5）Spark web UI 展示了关于运行作业（jobs）、阶段（stages）和任务（tasks）的有用信息。

6）Spark local mode 在单个 JVM 中运行整个集群，这对于测试目的非常有用。

7）Spark local cluster 模式是在本地机器上运行的全 Spark 独立集群，master 进程在客户端 JVM 中运行。

Unit 3

学习单元 3

单元概述

本单元通过项目驱动的方式理解Spark Core模块的核心概念，掌握使用Spark RDD对大数据进行分析的方法。

本单元将实现两个项目。

项目1为"电商网站用户行为分析"的大数据项目。通过对某大型电商网站用户在2014年购物行为数据的分析，洞察用户的购买行为。

项目2为分析电影评分数据集。通过对该电影评分数据集的分析，找出平均评分超过4.0的电影，并用列表显示。

学习目标

通过本单元的学习，达成以下目标：

* 理解Spark Core的核心数据抽象RDD
* 掌握RDD的创建和操作方法
* 使用RDD解决具体业务问题

项目 1

电商网站用户行为分析

项目描述

某大型电商网站收集了用户在 2014 年购物行为数据，包含了 300 000 条数据记录。现希望大数据分析团队使用 Spark 技术对这些数据进行分析，以期获得有价值的信息。

本项目用到的数据集"user_action.csv"说明见表 3-1。

表 3-1　数据集"user_action.csv"说明

字 段	定 义
uid	自增序列值
user_id	用户 id
item_id	商品 id
behaviour_type	包括浏览、购买、退货
item_category	商品分类
visit_data	该记录产生时间
user_address	用户所在地
browser	客户端所使用的浏览器

任务 1　启动 HDFS、Spark 集群服务和 Zeppelin 服务器

任务分析

用户行为大数据存储在 Hadoop 分布式文件系统 HDFS 上，使用 Spark 对该数据集进行分析。数据分析工具选择 Zeppelin Notebook。因此，在使用 Spark 对数据进行分析之前，要确保先启动了 HDFS 集群、Spark 集群和 Zeppelin 服务器，并将数据集"user_action.csv"上传到 HDFS 分布式文件系统的"/data/dataset/batch/"目录。

任务实施

（1）启动 HDFS 集群

在 Linux 终端窗口中输入以下命令，启动 HDFS 集群。

```
# start-dfs.sh
```

（2）启动 Spark 集群

在 Linux 终端窗口中输入以下命令，启动 Spark 集群。

```
# cd /data/bigdata/spark-2.3.2
# ./sbin/start-all.sh
```

（3）启动 Zeppelin 服务器

在 Linux 终端窗口中输入以下命令，启动 Zeppelin 服务器。

```
# zeppelin-daemon.sh start
```

（4）验证以上进程是否已启动

在 Linux 终端窗口中输入以下命令，查看启动的服务进程。

```
# jps
```

如果显示以下 6 个进程，则说明各项服务启动正常，可以继续下一步。

```
2288 NameNode
2402 DataNode
2603 SecondaryNameNode
2769 Master
2891 Worker
2984 ZeppelinServer
```

（5）准备案例中用到的数据集

1）将本任务用到的数据集上传到 HDFS 文件系统的 /data/dataset/ 目录。在 Linux 终端窗口中输入以下命令。

```
# hdfs dfs -mkdir -p /data/dataset/batch
# hdfs dfs -put /data/dataset/batch/user_action.csv /data/dataset/batch/
```

2）在 Linux 终端窗口中输入以下命令，查看 HDFS 上是否已经上传了该数据集。

```
# hdfs dfs -ls /data/dataset/batch/
```

这时应该看到数据集文件 user_action.csv 已经上传到了 HDFS 的 /data/spark_demo/ 目录。

必备知识

Hadoop 使用的是 HDFS 文件处理系统。HDFS 是先将每一个文件拆分成很多块，每个块为 128MB，然后每个块都存储在节点上并且以多副本形式进行存储。这样可以使数据高可用，同样挂载了一台机器，数据并不受影响，并且每个块只有 128MB，在处理的时候可以并行，提升计算能力。

企业通常把大数据存储到 HDFS 分布式文件系统中，而计算框架则采用基于内存的 Spark。

任务 2   加载数据源

任务分析

要对电商网站的用户行为进行分析，首先需要加载用户行为数据集（即数据源）。在

Spark 的编程接口中，每一个数据集都被表示为一个对象，称为 RDD。RDD 是一个只读的（不可变的）、分区的（分布式的）、容错的、延迟计算的、类型推断的和可缓存的记录集合。

任务实施

1）打开浏览器，新建一个 Zeppelin Notebook 文件，并命名为 rdd_project。

2）加载数据集到 RDD。在 notebook 单元格中输入以下代码，加载数据集到 RDD。

```
val filePath = "/data/dataset/batch/user_action.csv"    // 定义要加载数据集的 HDFS 路径
val userActionRDD = sc.textFile(filePath)                // 读取数据集到 RDD
```

3）按 <Shift+Enter> 组合键执行以上代码，这样就构建了一个弹性分布式数据集 RDD。

必备知识

RDD 是 Resillient Distributed Dataset（弹性分布式数据集）的简称，是分布式内存的一个抽象概念，提供了一种高度受限的共享内存模型。通常 RDD 会被分成很多个分区，分别保存在不同的节点上。RDD 是不可变的、容错的、并行的数据结构，允许用户显式地将中间结果持久化到内存中，控制分区以优化数据放置，并使用一组丰富的操作符来操作它们。

例如，一个 300MB 的日志文件，分布式存储在 HDFS 上，则将其读取到内存中构造为弹性分布式数据集 RDD，如图 3-1 所示。

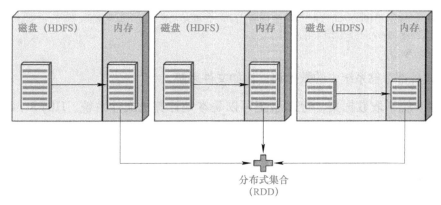

图 3-1　弹性分布式数据集 RDD

RDD 被设计成不可变的，这意味着用户不能具体地修改数据集中由 RDD 表示的特定行。如果调用一个 RDD 操作来操纵 RDD 中的行，该操作将返回一个新的 RDD。原 RDD 保持不变，新的 RDD 将以用户希望的方式包含数据。RDD 的不变性本质上要求 RDD 携带"血统"信息，Spark 利用这些信息有效地提供容错能力。

RDD 提供了一组丰富的常用数据处理操作。它们包括执行数据转换、过滤、分组、连接、聚合、排序和计数的能力。关于这些操作需要注意的一点是，它们在粗粒度级别上进行操作，这意味着相同的操作应用于许多行，而不是任何特定的行。

Spark 提供了创建 RDDs 的 3 种方法，具体介绍如下。

1）将现有的集合并行化。

这意味着将其转换为可以并行操作的分布式数据集。这种方法最简单，是学习 Spark 的好方法，因为它不需要任何数据文件。这种方法通常用于快速尝试一个特性或在 Spark 中做一些实验。对象集合的并行化是通过调用 SparkContext 类的 parallelize 方法实现的。示例代码如下。

```
// 可以从列表中创建
val list1 = List(1,2,3,4,5,6,7,8,9,10)
val rdd1 = sc.parallelize(list1)
rdd1.collect

// 通过并行集合（range）创建 RDD
val list2 = List.range(1,11)
val rdd2 = sc.parallelize(list2)
rdd2.collect

// 通过并行集合（数组）创建 RDD
val arr = Array(1,2,3,4,5,6,7,8,9,10)
val rdd3 = sc.parallelize(arr)
rdd3.collect

// 通过并行集合（数组）创建 RDD
val strList = Array(" 明月几时有 "," 把酒问青天 "," 不知天上宫阙 "," 今夕是何年 ")
val strRDD = sc.parallelize(strList)
strRDD.collect
```

2）加载外部存储系统中的数据集，比如文件系统。

从存储系统读取数据集，存储系统可以是本地计算机文件系统、HDFS、Cassandra、Amazon S3 等。示例代码如下。

```
// 或者，也可以从文件系统中加载数据创建 RDD
val file = "/data/spark_demo/rdd/wc.txt"    // hdfs
val rdd1 = sc.textFile(file)
```

SparkContext 类的 textFile 方法假设每个文件是一个文本文件，并且每行由一个新行分隔。此 textFile 方法返回一个 RDD，它表示所有文件中的所有行。需要注意的是，textFile 方法是延迟计算的，这意味着如果指定了错误的文件或路径，或者错误地拼写了目录名，那么在采取其中一项 action 操作之前，这个问题不会出现（被发现）。

3）在现有 RDD 上进行转换来得到新的 RDD。

创建 RDD 的第 3 种方法是调用现有 RDD 上的一个转换操作。例如，下面的代码通过对 rdd4 的转换得到一个新的 RDD - rdd5。

```
// 字符转为大写，得到一个新的 RDD
val rdd5 = rdd4.map(line => line.toUpperCase)
rdd5.collect
```

任务 3 对用户行为数据集进行探索和分析

任务分析

通过对数据集进行探索，可以了解数据的基本结构，洞察数据及其蕴藏的含义。通过对包含数据集的 RDD 进行操作，尝试回答以下问题。

1）查看前 10 位用户的行为，了解该用户是否浏览了商品、购买了商品等行为。

2）查看用户访问数据共有多少。

3）在 30 万条用户行为记录数据中包括多少个用户？

4）在这个数据集中共包含多少种商品？

5）这些商品属于多少个商品分类？

6）查询 2014 年 12 月 15 日到 2014 年 12 月 18 日有多少人次浏览了商品。

7）统计每天网站卖出的商品个数。

8）查询 2014 年 12 月 14 日发货到江西的商品数量。

9）查询用户"100489195"在 2014 年 11 月 11 日在该网站的点击量。

10）查询 2014 年 12 月 18 日在该网站购买的商品数量超过 5 个的用户 id。

任务实施

1）对原始数据集进行简单探索。执行以下代码。

```
userActionRDD.take(1)
```

输出结果如下。

```
Array[String] = Array(1,10001082,285259775, 浏览 ,4076,2014-11-11, 福建 ,Safari)
```

由以上输出内容可知数据集的数据格式。其中：

① 数组的第 2 个元素是用户 id。

② 数组的第 3 个元素是商品 id。

③ 数组的第 4 个元素是用户行为（值包括"浏览""购买""退货"）。

④ 数组的第 5 个元素为该商品所属类别的 id。

⑤ 数组的第 6 个元素为此用户行为发生的日期。

⑥ 数组的第 7 个元素为用户所在地。

⑦ 数组的第 8 个元素为用户所使用的浏览器类型。

2）对数据进行整理。对原始数据行中的字段按逗号进行分割，在 notebook 单元格中输入以下代码。

```
val userRDD = userActionRDD.map(line => line.split(","))
                                          // 对每行数据按逗号进行分割，返回一个新的 RDD
userRDD.take(2)                           // 取前两条数据
userRDD.cache                             // 缓存 RDD
```

按 <Shift+Enter> 组合键执行以上代码，输出内容如下。

Array[Array[String]] = Array(Array(1, 10001082, 285259775, 浏览 , 4076, 2014-11-11, 福建 , Safari), Array(2, 10001082, 4368907, 浏览 , 5503, 2014-11-11, 黑龙江 , Safari))

由以上输出内容可以看出，已经将数据集的每一行拆分为单词组成的数组。

3）查看前 10 位用户的行为（即数据第 4 个元素的值）。在 notebook 单元格中输入以下代码。

```
userRDD.map(_(3)).take(10).foreach(println)
```

按 <Shift+Enter> 组合键执行以上代码，输出内容如下。

浏览
浏览
浏览
浏览
浏览
退货
浏览
浏览
浏览
浏览

由以上输出内容可以看出，在前 10 条用户访问记录中，大多数用户仅是浏览商品，还发生了一起退货事件，但是没有购买行为。

4）查看用户访问数据总共有多少。在 notebook 单元格中输入以下代码。

```
userRDD.count
```

按 <Shift+Enter> 组合键执行以上代码，输出内容如下。

Long = 300000

由以上输出内容可以看出，本数据集共有 30 万条用户行为的数据记录。

5）在这 30 万条用户行为记录数据中，包括多少个用户？在 notebook 单元格中输入以下代码。

```
userRDD.map(_(1)).distinct.count
```

按 <Shift+Enter> 组合键执行以上代码，输出内容如下。

Long = 270

由以上输出内容可以看出，共有 270 个用户访问，他们造成了 30 万条用户行为的数据记录。

6）在这个数据集中，共包含多少种商品？在 notebook 单元格中输入以下代码。

```
userRDD.map(_(2)).distinct.count
```

按 <Shift+Enter> 组合键执行以上代码，输出内容如下。

```
Long = 106919
```

由以上输出内容可以看出，共有 106 919 种商品。也就是说，270 个用户对十余万种商品进行访问，造成了 30 万条用户行为的数据记录。

7）这十余万种商品属于多少个商品分类呢？在 notebook 单元格中输入以下代码。

```
userRDD.map(_(4)).distinct.count
```

按 <Shift+Enter> 组合键执行以上代码，输出内容如下。

```
Long = 3569
```

由以上输出内容可以看出，数据集中的十余万种商品属于 3 569 个品类。

8）查询 2014 年 12 月 15 日到 2014 年 12 月 18 日有多少人次浏览了商品。在 notebook 单元格中输入以下代码。

```
userRDD.filter(_(3)==" 浏览 ").
        filter(_(5)>="2014-12-15").
        filter(_(5)<"2014-12-18").
        count
```

按 <Shift+Enter> 组合键执行以上代码，输出内容如下。

```
Long = 25636
```

由以上输出内容可以看出，在 2014 年 12 月 15 日到 2014 年 12 月 18 日这 3 天中，一其有 25 636 人次浏览了商品。

9）统计每天网站卖出的商品个数。所谓卖出的商品个数，即用户行为为"购买"的记录数量。在 notebook 单元格中输入以下代码。

```
// 这里定义一个转换函数，用来对日期进行格式化
def convert(dt:String):String = {
    val sdf = new java.text.SimpleDateFormat("yyyy-MM-dd")
    sdf.format(sdf.parse(dt))
}

userRDD.filter(_(3)==" 购买 ").        // 仅统计发生了购买的数据
        map(arr => (convert(arr(5)),1)).    // 生成 ( 日期 ,1) 元组
        reduceByKey(_ + _).                 // 按天进行统计汇总
        sortBy(_._1).                       // 按购买日期进行排序
        take(5).foreach(println)            // 查看前 5 天的记录
```

按 <Shift+Enter> 组合键执行以上代码，输出内容如下。

```
(2014-12-17,326)
(2014-12-18,358)
(2014-12-16,377)
(2014-12-15,462)
(2014-12-14,487)
```

由以上输出内容可以看出，在2014年12月18日这天卖出的商品最少；而在2014年12月14日这天卖出的商品最多。实际上，卖出商品最少的一天是2014年12月17日，因为这天没有卖出商品。

10）查询2014年12月14日发货到江西的商品数量。在notebook单元格中输入以下代码。

```
userRDD.filter(_(3)==" 购买 ").filter(_(5)=="2014-12-14").filter(_(6)==" 江西 ").count
```

按 <Shift+Enter> 组合键执行以上代码，输出内容如下。

```
Long = 14
```

发货到江西的数量即江西的用户购买的数量。由以上输出内容可以看出，在2014年12月14日，发货到江西的商品有14件。

11）查询用户"100489195"在2014年11月11日在该网站的点击量，以及其点击量在当天网站的总点击量的占比。在notebook单元格中输入以下代码。

```
// 查询 '100489195' 用户在 2014 年 11 月 11 日在该网站的点击量
userRDD.filter(_(1)=="100489195").filter(_(5)=="2014-11-11").count

// 查询在 2014 年 11 月 11 日在点击该网站的总点击量
userRDD.filter(_(5)=="2014-11-11").count
```

按 <Shift+Enter> 组合键执行以上代码，输出内容如下。

```
Long = 17
Long = 67150
```

由以上输出内容可以看出，用户"100489195"在2014年11月11日在该网站的点击量是17次，而当天网站的总点击量是67 150。这两个结果相除，就得到了比例结果：17/67150。

12）查询2014年12月18日在该网站购买的商品数量超过5个的用户id。在notebook单元格中输入以下代码。

```
userRDD.filter(_(3)==" 购买 ").
    filter(_(5)=="2014-12-18").
    map(arr => (arr(1),1)).
    reduceByKey(_+_).
    filter(_._2 > 5).
    sortBy(_._2,false).
    collect.foreach(println)
```

按 <Shift+Enter> 组合键执行以上代码，输出内容如下。

```
(103995979,26)
(102115747,26)
(102616570,25)
(101847145,20)
(100695202,12)
(101454268,12)
```

```
(100442521,9)
(101490976,9)
(102831484,9)
(101969992,8)
(103193989,8)
(103215328,8)
(103871479,7)
(10176801,7)
(103456642,7)
(102094417,6)
(102033883,6)
(101105140,6)
(102868558,6)
(101982646,6)
```

由以上输出内容可以看出，2014 年 12 月 18 日在该网站购买的商品数量最多的用户 id 是"102115747"。

必备知识

RDD 支持两种类型的操作：transformations 和 actions。其中，transformations 是操作 RDD 并返回一个新的 RDD，如 map() 和 filter() 方法，而 actions 是返回一个结果给驱动程序或将结果写入存储的操作，并开始一个计算，如 count() 和 first()。

Spark 对于 transformations 和 actions 的处理方式很不一样，所以所执行的操作是哪一种很重要。transformations RDD 是延迟计算的，只在 action 时才真正进行计算。许多转换是作用于元素范围内的，也就是一次作用于一个元素。

现在假设有一个 RDD，包含元素为 {1, 2, 3, 3}。首先，构造一个 RDD。

```
// 构造一个 RDD
val rdd = sc.parallelize(List(1,2,3,3))
```

1．普通 RDD 上的各种转换操作方法

1）map 转换。这个操作用来对 RDD 中的每个元素执行输入的参数函数，执行的结果返回新的值。map 转换保持 RDD 中的元素数量不变，但值和类型可能会改变。示例代码如下。

```
// map 转换
val rdd1 = rdd.map(x => x + 1)  // tansformation
rdd1.collect    // action
```

输出结果如下。

```
res1: Array[Int] = Array(2,3,4,4)
```

2）flatMap 转换。这个操作相当于先对 RDD 执行 map 转换，然后执行 flatten "压扁"

操作，将二维的集合变成一维的集合。示例代码如下。

```
val rdd2 = rdd.flatMap(x => x.to(3))
rdd2.collect
```

输出结果如下。

```
res2: Array[Int] = Array(1, 2, 3, 2, 3, 3, 3)
```

3）filter 转换。对 RDD 中的每个元素执行输入的参数函数。如果返回结果为 true，则该元素返回给新的 RDD，否则不返回。filter 转换会获得父 RDD 的一个子集。示例代码如下。

```
val rdd3 = rdd.filter(x => x!=1)
rdd3.collect
```

输出结果如下。

```
res3: Array[Int] = Array(2, 3, 3)
```

4）distinct 转换。相当于 SQL 中的 distinct 去重操作。这个操作对于 RDD 中重复的元素，只保留一个。示例代码如下。

```
val rdd4 = rdd.distinct()
rdd4.collect
```

输出结果如下。

```
res4: Array[Int] = Array(1, 2, 3)
```

5）sample 转换：对数据进行抽样，其方法签名为 sample(withReplacement,fraction,[seed])。其中第 1 个参数为 boolean 值，如果为 true，则是有放回抽样；如果为 false，则是无放回抽样。第 2 个参数为可选的种子值。示例代码如下。

```
val rdd5 = rdd.sample(false,0.5)
rdd5.collect
```

输出结果如下。

```
res5: Array[Int] = Array(1)
```

2．RDD 上的各种 action 操作

一旦创建了 RDD，就只有在执行了 action 时才会执行各种转换。一个 action 的执行结果可以是将数据写回存储系统，或者返回驱动程序，以便在本地进行进一步的计算。常用的 action 操作函数如下。

1）collect()：将 RDD 操作的所有结果返回给驱动程序。这通常对产生足够小的数据集的操作很有用。理想情况下，结果应该很容易与承载驱动程序的系统的内存相匹配。

2）count()：返回数据集中的元素数量或 RDD 操作的结果输出。

3）take(n)：返回数据集的前 n 个元素或 RDD 操作的结果输出。

4）first() 函数：返回数据集的第一个元素或 RDD 操作产生的结果输出。它的工作原理类似于 take(1) 函数。

5）takeSample() 函数：takeSample（withReplacement, num, [seed]）函数返回一个数组，

其中包含来自数据集的元素的随机样本。它有 3 个参数，具体介绍如下。

① withReplacement/withoutReplacement：表示采样时有或没有替换（在取多个样本时，它指示是否将旧的样本替换回集合，然后取一个新的样本或者在不替换的情况下取样本）。对于 withReplacement，参数应该是 true 和 false。

② num：表示样本中元素的数量。

③ seed：一个随机数生成器种子（可选）。

3．RDD 持久化机制

在 Spark 中，RDD 采用惰性求值的机制，每次遇到 action 操作，Spark 都会重新计算 RDD 及其所有的依赖。这对于迭代计算而言代价是很大的，迭代计算经常需要多次重复使用同一组数据。

下面就是多次计算同一个 RDD 的例子。

```
val list = List("Hadoop", "Spark", "Hive")
val input = sc.parallelize(list)
val result = input.map(x => x.toUpperCase)

println(result.count())                    // action 操作，触发一次真正从头到尾的计算
println(result.collect().mkString(","))    // action 操作，触发一次真正从头到尾的计算
```

可以通过持久化（缓存）机制避免这种重复计算的开销。

可以使用 persist() 方法将一个 RDD 标记为持久化。这是因为出现 persist() 语句的地方并不会马上计算生成 RDD 并把它持久化，而是要等到遇到第一个 action 操作触发真正计算后，才会把计算结果持久化。持久化后的 RDD 分区将会被保留在计算节点的内存中，被后面的 action 操作重复使用。

如果一个数据集被要求参与几个 action，那么持久化该数据集会节省大量的时间、CPU 周期、磁盘输入 / 输出和网络带宽。容错机制也适用于缓存分区。当由于节点故障而丢失分区时，它将使用血统图重新计算。

Spark 所支持的持久化级别见表 3-2。

表 3-2　Spark 所支持的持久化级别

持久化级别	内存使用情况	CPU 时间	位于内存中	位于磁盘中	说明
MEMORY_ONLY	高	低	是	否	
MEMORY_ONLY_SER	低	高	是	否	
MEMORY_AND_DISK	高	中等	部分	部分	如果数据太多磁盘放不下，则溢写到磁盘中
MEMORY_AND_DISK_SER	低	高	部分	部分	同上。在内存中存储序列化的表示
DISK_ONLY	低	高	否	是	

重写上一示例，加入对 RDD 进行缓存的代码。示例代码如下。

```
val list = List("Hadoop", "Spark", "Hive")
val input = sc.parallelize(list)
val result = input.map(x => x.toUpperCase)

// 会调用 persist(MEMORY_ONLY)
// 但是，语句执行到这里，并不会缓存 RDD，这时 RDD 还没有被计算生成
result.persist(StorageLevel.MEMORY_ONLY)    // = result.cache()

// 第一次 action 操作，触发一次真正从头到尾的计算，
// 这时才会执行上面的 rdd.cache()，把这个 RDD 放到缓存中
println(result.count())

// 第二次 action 操作，不需要触发从头到尾的计算，只需要重复使用上面缓存中的 RDD
println(result.collect().mkString(","))

// 把持久化的 RDD 从缓存中移除
result.unpersist()
```

如果可用内存不足，Spark 会将持久的分区溢写到磁盘上。开发人员可以使用 unpersist 删除不需要的 RDD。Spark 会自动监控缓存，并使用 LRU（Least Recently Used）算法删除旧分区（LRU）算法。

尽管 Spark 会自动管理（包括创建和回收）cache 和 persist 持久化的数据，但是 checkpoint 持久化的数据需由用户自己管理。checkpoint 会清除 RDD 的血统信息，避免血统过长导致序列化开销增大，而 cache 和 persist 不会清除 RDD 的血统。

分析电影评分数据集

项目描述

本项目使用 Spark RDD 实现对电影数据集进行分析。在这里使用推荐领域一个著名的开放测试数据集 movielens，将使用其中的电影评分数据集 ratings.csv 以及电影数据集 movies.csv。

通过对该电影评分数据集的分析，找出平均评分超过 4.0 的电影并列表显示。

任务 1　读取数据源，构造 RDD

任务分析

在本任务中需要读取两个数据源。一个是评分数据集"ratings.csv"，另一个是电影数据集"movies.csv"。为了提高性能，需要对 RDD 进行缓存。

1）加载数据，构造 RDD。

```
// 加载数据，构造 RDD
val ratings = "/data/spark_demo/movielens/ratings.csv"      // 评分数据集
val movies = "/data/spark_demo/movielens/movies.csv"        // 电影数据集

val ratingsRDD = sc.textFile(ratings)
val moviesRDD = sc.textFile(movies)
```

2）缓存 RDD，执行以下代码。

```
ratingsRDD.count                // 评分数据集中数据总记录数量
ratingsRDD.cache                // 缓存评分数据集

moviesRDD.count                 // 电影数据集中数据总记录数量
moviesRDD.cache                 // 缓存电影数据集
```

3）输出结果如下。

```
res7: Long = 100837
res8: Long = 9743
```

可以看到，评分数据集 ratingsRDD 中共有 100 837 条评论记录，电影数据集 moviesRDD 中共有 9 743 部电影信息。

SparkContext 类的 textFile 方法假设每个文件是一个文本文件，并且每行由一个新行分隔。此 textFile 方法返回一个 RDD，它表示所有文件中的所有行。需要注意的是，textFile 方法是延迟计算的，这意味着如果指定了错误的文件或路径，或者错误地拼写了目录名，那么在采取其中一项 action 操作之前，这个问题不会出现（被发现）。

任务 2　对数据进行整理

在本任务中，需要对电影数据集和评分数据集进行探索和整理，包括去掉原始数据集中的标题行，删除不需要的字段，按电影 ID 进行分组并计算每部电影的平均评分。

1）对评分数据集和电影数据集进行简单探索，了解数据。

```
// 对评分数据集进行简单探索，了解数据：
ratingsRDD.take(5).foreach(println)
```

// 对电影数据集进行简单探索，了解数据：
moviesRDD.take(5).foreach(println)

输出结果如图 3-2 所示。

```
userId,movieId,rating,timestamp          ┌评分数据，第1行是标题行┐
1,1,4.0,964982703
1,3,4.0,964981247
1,6,4.0,964982224
1,47,5.0,964983815                        ┌电影数据，第1行是标题行┐

movieId,title,genres
1,Toy Story (1995),Adventure|Animation|Children|Comedy|Fantasy
2,Jumanji (1995),Adventure|Children|Fantasy
3,Grumpier Old Men (1995),Comedy|Romance
4,Waiting to Exhale (1995),Comedy|Drama|Romance
```

图 3-2 简单数据探索

2）处理评分数据集，包括忽略标题行和抽取（movieId,rating）字段。示例代码如下。

```
val rating = ratingsRDD.filter(line => !line.startsWith("userId")).      // 去掉标题行
                map(line => {
                    val fileds = line.split(",")                          // 拆分一行记录
                    (fileds(1).trim.toInt, fileds(2).trim.toDouble)       // 返回 (movieId,rating) 字段
                })

rating.take(5).foreach(println)
```

输出结果如下。

(1,4.0)
(3,4.0)
(6,4.0)
(47,5.0)
(50,5.0)

可以看到已经去掉了标题行，并在 rating RDD 中只保留了 movieId（电影 ID）和 rating（评分）这两个字段。

3）对 rating RDD 进行转换，按 key（即 movieId）进行分组，并计算每一组的平均值（也就是每部电影的平均评分）。示例代码如下。

```
// 获得 (movieid,ave_rating)
val movieScores = rating.groupByKey().
                    map(t => {
                        val avg = t._2.sum / t._2.size      // 计算平均得分
                        (t._1, avg)                         // 构造元组，元素为电影 id 和平均评分
                    })

// 查看前 5 条数据
movieScores.take(5).foreach(println)
```

输出结果如下。

```
(3586,4.0)
(1084,4.07)
(6400,3.5)
(3702,3.48)
(68522,3.5)
```

可以看出经过这一步处理后，返回的是一个元组，元组元素为（movieId，平均得分）。但是这个结果对用户来说并不友好，因为它只显示了电影的 ID。下一步显示对应的电影名称及其平均得分。

4）处理电影数据集，包括忽略标题行和抽取（movieId,movieName）字段。示例代码如下。

```
// 抽取出 (MovieID,MovieName)
val movieskey = moviesRDD.filter(line => !line.startsWith("movieId")).    // 去年标题行
                        map(line=>{
                            val fileds = line.split(",")          // 拆分一行记录
                            (fileds(0).toInt,fileds(1))           // 返回 (movieId,movieName) 字段
                        })

movieskey.take(5).foreach(println)
```

输出结果如下。

```
(1,Toy Story (1995))
(2,Jumanji (1995))
(3,Grumpier Old Men (1995))
(4,Waiting to Exhale (1995))
(5,Father of the Bride Part II (1995))
```

必备知识

一些 Spark 操作只在键值对的 RDDs 上可用。Spark 在包含 key/value 对的 RDDs 上提供了专门的 transformation API，包括 reduceByKey、groupByKey、sortByKey 和 join 等。Pair RDDs 能让用户在 key 上并行操作，或者跨网络重新组织数据。Key/value RDDs 常被用于执行聚合操作，以及常被用来完成初始的 ETL（Extract, Transform, Load）以获取 key/value 格式数据。

注意，除了 count 操作外大多数操作通常都涉及 shuffle，因为与键相关的数据可能并不总是驻留在单个分区上。

1．创建 Pair RDD

创建 Pair RDD 的方式有多种。第一种创建方式：从文件中加载。示例代码如下。

```
val file = "/data/spark_demo/rdd/wc.txt"
val lines = sc.textFile(file)      # 从文件中加载数据集

val pairRDD = lines.flatMap(line => line.split(" ")).map(word => (word,1)) // 通过转换，生成 Pair RDD
pairRDD.collect
```

第二种方式：通过并行集合创建 Pair RDD。示例代码如下。

```
val rdd = sc.parallelize(Seq("Hadoop","Spark","Hive","Spark"))
val pairRDD = rdd.map(word => (word,1))
pairRDD.collect

val a = sc.parallelize(List("black", "blue", "white", "green", "grey"), 2)
// 通过应用指定的函数来创建该 RDD 中元素的元组（参数函数生成对应的 key），返回一个 pair RDD
val b = a.keyBy(_.length)
b.collect
```

2．操作 Pair RDD：Transformation 操作

假设有一个 Pair RDD {(1,2),(3,4),(3,6)}，现在对其执行各种转换操作。示例代码如下。

```
// 构造 pair rdd
val pairRDD = sc.parallelize(Seq((1,2),(3,4),(3,6)))
pairRDD.collect
```

输出结果如下。

```
res29: Array[(Int, Int)] = Array((1, 2), (3, 4), (3, 6))
```

1）reduceByKey(func)：按照 key 来合并值（相同 key 的值进行合并）。示例代码如下。

```
val p1 = pairRDD.reduceByKey((x,y) => x + y)
p1.collect
```

输出结果如下。

```
res30: Array[(Int, Int)] = Array((1, 2), (3, 10))
```

2）groupByKey()：按照 key 分组。示例代码如下。

```
val p2 = pairRDD.groupByKey()
p2.collect
```

输出结果如下。

```
res31: Array[(Int, Iterable[Int])] = Array((1, ComapctBuffer(2)), (3, CompactBuffer(4, 6)))
```

3）sortByKey()：按照 key 进行排序，默认是升序。示例代码如下。

```
val p5 = pairRDD.sortByKey()
p5.collect

// pairRDD.sortByKey(ascending=false).collect
pairRDD.sortByKey(false).collect
```

输出结果如下。

```
res32: Array[(Int, Int)] = Array((1, 2), (3, 4), (3, 6))
res33: Array[(Int, Int)] = Array( (3, 4), (3, 6), (1, 2))
```

4）mapValues(func)：将函数应用到 Pair RDD 中的每个元素上，不改变 key。示例代码如下。

```
val p6 = pairRDD.mapValues(x => x*x)
p6.collect
```

输出结果如下。

```
res34: Array[(Int, Int)] = Array((1, 4), (3, 16), (3, 36))
```

任务 3 分析数据

在本任务中需要对上一任务整理过后的数据集进行分析，找出平均评分超过 4.0 的电影，并用列表显示。因为在评分数据集中只有电影的 ID，而电影的名称是在电影数据集中，因此，为了友好显示平均评分超过 4.0 的电影，需要连接两个数据集，以显示电影的名称。

任务实施

将 movieScores RDD 和 movieskey RDD 进行 join 连接，从而得到每部电影的名称及其得分。示例代码如下。

```
// 通过 join 连接，可以得到 <movieId,movieName,averageRating>
val result = movieScores.join(movieskey).        // 连接两个数据集
                    filter(f => f._2._1>4.0).        // 过滤评分超过 4.0 的电影
                    map(f => (f._1,f._2._2,f._2._1))    // 显示电影的 ID, 电影名称和平均评分

result.take(5).foreach(println)
```

输出结果如图 3-3 所示。

```
(1084,Bonnie and Clyde (1967),4.071428571428571)
(5618,Spirited Away (Sen to Chihiro no kamikakushi) (2001),4.155172413793103)
(60408,Welcome to the Sticks (Bienvenue chez les Ch'tis) (2008),4.5)
(136850,Villain (1971),5.0)
(84246,It Happened on Fifth Avenue (1947),4.5)
```

图 3-3 join 连接两个 RDD

必备知识

可以对两个 Pair Rdd 按 key 进行 join 连接，类似于关系数据库中的连接，但是在 pair RDDs 上执行。常见的 4 个连接分别是 join、leftOuterJoin、rightOuterJoin、fullOuterJoin。除此之外，也提供了如 zip、cartesian、intersection 之类的转换。

假设有两个 RDD，分别是 {(1,2),(3,4),(3,6)} 和 {(3,9)}。

1）构造两个 RDD。示例代码如下。

```
val pairRDD1 = sc.parallelize(Seq((1,2),(3,4),(3,6)))
pairRDD1.collect

val pairRDD2 = sc.parallelize(Seq((3,9)))
pairRDD2.collect
```

2）接下来，对两个 RDD 进行连接操作。

① subtractByKey：计算两个 RDD 的差集。示例代码如下。

```
val r1 = pairRDD1.subtractByKey(pairRDD2)
r1.collect
```

输出结果如下。

```
res73: Array[(Int, Int)] = Array((1, 2))
```

② join：内连接。示例代码如下。

```
val r2 = pairRDD1.join(pairRDD2)
r2.collect
```

输出结果如下。

```
res74: Array[(Int, (Int, Int))] = Array((3, (4, 9)), (3, (6, 9)))
```

③ leftOuterJoin：左外连接。示例代码如下。

```
val r3 = pairRDD1.leftOuterJoin(pairRDD2)
r3.collect
```

输出结果如下。

```
res75: Array[(Int, (Int, Option[Int]))] = Array((1, (2, None)), (3, (4, Some(9))), (3, (6, Some(9))))
```

④ rightOuterJoin：右外连接。示例代码如下。

```
val r4 = pairRDD1.rightOuterJoin(pairRDD2)
r4.collect
```

输出结果如下。

```
res76: Array[(Int, (Option[Int], Int))] = Array((3, (Some(4), 9)), (3, (Some(6), 9)))
```

⑤ cogroup：对来自两个 RDD 的数据按 key 分组。示例代码如下。

```
val r5 = pairRDD1.cogroup(pairRDD2)
r5.collect
```

输出结果如下。

```
res77: Array[(Int, (Iterable[Int], Iterable[Int]))] = Array((1, (CompactBuffer(2), CompactBuffer())), (3,
(CompactBuffer(4, 6), CompactBuffer(9))))
```

单 \ 元 \ 小 \ 结

在 Spark 的编程接口中，每一个数据集都被表示为一个对象，称为 RDD。RDD 是一个只读的（不可变的）、分区的（分布式的）、容错的、延迟计算的、类型推断的和可缓存的记录集合。

RDD 是分布式内存的一个抽象概念，提供了一种高度受限的共享内存模型。通常 RDD 很大，会被分成很多个分区，分别保存在不同节点上。RDD 是不可变的、容错的、并行的数据结构，允许用户显式地将中间结果持久化到内存中，控制分区以优化数据放置，并使用一组丰富的操作符来操作它们。

创建一个 RDD，包含 14 条记录（或元组），分区为 3，分布在 3 个节点上，如图 3-4 所示。

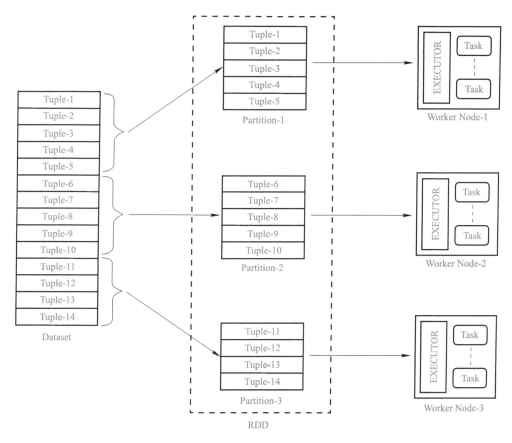

图 3-4 包含 14 条记录、3 个分区的 RDD

RDD 被设计成不可变的，这意味着用户不能具体地修改数据集中由 RDD 表示的特定行。如果调用一个 RDD 操作来操纵 RDD 中的行，该操作将返回一个新的 RDD。原 RDD 保持不变，新的 RDD 将以用户希望的方式包含数据。RDD 的不变性本质上要求 RDD 携带"血统"信息，Spark 利用这些信息有效地提供容错能力。

每一个 RDD 或 RDD 分区都知道如何在出现故障时重新创建自己。它有转换的日志或者血统（lineage），可依据此从存储器或另一个 RDD 中重新创建自己。因此，任何使用 Spark 的程序都可以确保内置的容错能力，而不考虑底层数据源和 RDD 类型。

RDD 提供了一组丰富的常用数据处理操作，包括执行数据转换、过滤、分组、连接、聚合、排序和计数的能力。

RDD 操作分为两种类型：转换（Transformation）和动作（action）。Transformation 是定义如何构建 RDD 的延迟操作。大多数转换都接受单个函数参数。所有这些方法都将一个数据源转换为另一个数据源。每当在任何 RDD 上执行转换时，都会生成一个新的 RDD，如图 3-5 所示。

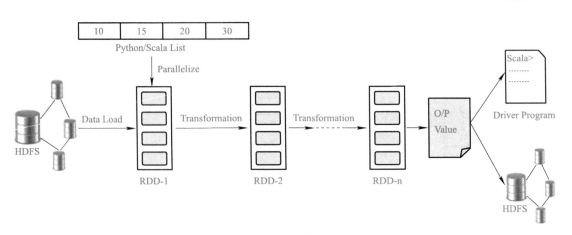

图 3-5　RDD 转换过程

一些 Spark 操作只在键值对的 RDDs 上可用。Spark 在包含 key/value 对的 RDDs 上提供了专门的 Transformation API，包括 reduceByKey、groupByKey、sortByKey 和 join 等。Pair RDDs 能让用户在 key 上并行操作，或者跨网络重新组织数据。Key/value RDDs 常被用于执行聚合操作，以及常被用来完成初始的 ETL（Extract，Transform，Load）以获取 key/value 格式数据。

为了 join 几个 RDDs 的内容，Spark 提供了经典的连接，类似于关系数据库中的连接，但是在 Pair RDDs 上执行。4 个连接分别是 join、leftOuterJoin、rightOuterJoin、fullOuterJoin。除此之外，也提供了诸如 zip、cartesian、intersection 之类的转换。

Unit 4

学习单元 4

单元概述

传统的软件开发和维护人员已经积累了大量的基于DBMS的操作数据知识和经验，他们已经习惯了通过编写SQL语句来对数据记录进行统计分析。于是大数据工程师们开始探索如何使用类SQL的方式来操作和分析大数据，通过大量的努力，目前业界已经出现很多SQL on Hadoop的方案，Spark SQL模块就是其中的一个。通过几个版本的发展，目前Spark SQL已经趋于稳定，功能也逐渐丰富。

Spark SQL是Spark生态系统里用于处理结构化大数据的模块，该模块里最重要的概念就是DataFrame。Spark DataFrame以RDD为基础，但是带有Schema信息，它类似于传统数据库中的二维表格。

Spark SQL模块目前支持将多种外部数据源的数据转化为DataFrame，并用操作RDD或者将其注册为临时表的方式处理和分析这些数据。当前支持的数据源有：

* Json
* CSV
* 文本文件
* RDD
* 关系数据库
* Hive
* Parquet

一旦将DataFrame注册成临时表，用户就可以使用类SQL的方式操作这些数据。

在本单元中将向读者展示如何使用Spark SQL/DataFrame提供的API完成数据读取、临时表注册、统计分析等步骤。

学习目标

通过本单元的学习，达成以下学习目标：

* 读取不同数据源数据，创建DataFrame
* 对DataFrame进行transformer和action操作
* 存储DataFrame数据
* 注册临时视图并用SQL执行数据查询

分析电影数据集

项目描述

本项目使用 Spark SQL 实现对电影数据集的分析，计算看过"Lord of the Rings,The (1978)"的用户的年龄和性别分布（提示该影片的 ID 是"2116"），并对统计结果进行可视化展示。

在这里使用推荐领域的一个著名开放测试数据集 Movielens。MovieLens 数据集包括电影元数据信息和用户属性信息。本项目将使用其中的 users.dat 和 ratings.dat 两个数据集。

任务 1　数据读取和处理

任务分析

要统计看过"Lord of the Rings,The(1978)"的用户的年龄和性别分布，首先需要读取 users.dat 和 ratings.dat 两个数据集，并构造为 DataFrame。然后将其注册为临时视图，并用 SQL 进行查询分析。

因为 DataFrame 需要指定 Schema，因此需要分别为用户和电影评分数据创建 case class。另外，查询的结果来自两个数据集，因此要对两个 DataFrame 执行连接操作。

任务实施

1）定义两个 case class 类型，分别定义用户和评分的 schema。在 Zeppelin notebook 中执行以下代码。

```
case class User(userID:Long, gender:String, age:Integer, occupation:String, zipcode:String)
case class Rating(userID:Long, movieID:Long, rating:Integer, timestamp:Long)
```

2）读取用户数据集 users.dat，并转换为 DataFrame。在 Zeppelin notebook 中执行以下代码。

```
// 定义文件路径
val usersFile = "/data/spark_demo/ml-1m/users.dat"

// 获得 RDD
val rawUserRDD = sc.textFile(usersFile)

// 对 RDD 进行转换操作，最后转为 DataFrame
```

```
val userDF = rawUserRDD.map(_.split("::")).map(x=>User(x(0).toLong,x(1),x(2).toInt,x(3),x(4))).toDF
```

```
// 查看 DataFrame 数据
userDF.show(5)
```

输出结果如图 4-1 所示。

```
+------+------+---+----------+-------+
|userID|gender|age|occupation|zipcode|
+------+------+---+----------+-------+
|     1|     F|  1|        10|  48067|
|     2|     M| 56|        16|  70072|
|     3|     M| 25|        15|  55117|
|     4|     M| 45|         7|  02460|
|     5|     M| 25|        20|  55455|
+------+------+---+----------+-------+
only showing top 5 rows
```

图 4-1　DataFrame 转换结果

3）读取评分数据集 ratings.dat，并转换为 DataFrame。在 Zeppelin notebook 中执行以下代码。

```
// 定义文件路径
val ratingsFile = "/data/spark_demo/ml-1m/ratings.dat"
```

```
// 生成 RDD
val rawRatinngRDD = sc.textFile(ratingsFile)
```

```
// 对 RDD 进行转换，最后转为 DataFrame
val ratingDF = rawRatinngRDD.map(_.split("::")).
            map(x=>Rating(x(0).toLong, x(1).toLong,x(2).toInt,x(3).toLong)).
            toDF        // 查看 DataFrame 数据
```

```
// 显示
ratingDF.show()
```

输出结果如图 4-2 所示。

```
+------+-------+------+---------+
|userID|movieID|rating|timestamp|
+------+-------+------+---------+
|     1|   1193|     5|978300760|
|     1|    661|     3|978302109|
|     1|    914|     3|978301968|
|     1|   3408|     4|978300275|
|     1|   2355|     5|978824291|
+------+-------+------+---------+
only showing top 5 rows
```

图 4-2　显示前 5 个电影评分数据

4）将两个 DataFrame 注册为临时表，对应的表名分别命名为 "users" 和 "ratings"。在 Zeppelin notebook 中执行以下代码。

```
userDF.createOrReplaceTempView("users")
ratingDF.createOrReplaceTempView("ratings")
```

5）通过 SQL 处理临时表 users 和 ratings 中的数据，并输出最终结果。为了避免三表连接操作，这里直接使用了 movieID。在 Zeppelin notebook 中执行以下代码。

```
val MOVIE_ID = "2116"
val sqlStr = s"""select age,gender,count(*) as total_peoples
            from users as u join ratings as r on u.userid=r.userid
            where movieid=${MOVIE_ID} group by gender,age"""
val resultDF = spark.sql(sqlStr)
// 显示 resultDF 的内容
resultDF.show
```

输出结果如图 4-3 所示。

```
+---+------+-------------+
|age|gender|total_peoples|
+---+------+-------------+
| 18|     M|           72|
| 18|     F|            9|
| 56|     M|            8|
| 45|     M|           26|
| 45|     F|            3|
| 25|     M|          169|
| 56|     F|            2|
|  1|     M|           13|
|  1|     F|            4|
| 50|     F|            3|
| 50|     M|           22|
| 25|     F|           28|
| 35|     F|           13|
| 35|     M|           66|
+---+------+-------------+
```

图 4-3　三表连接结果

必备知识

Spark SQL 将 DataFrames 暴露为更高级别的 API，负责处理所有涉及的复杂性，并执行所有后台任务。通过声明式语法，用户可以专注于程序应该完成的事情，而不去关心控制流，这将由在 Spark SQL 中构建的 Catalyst 优化器来处理。Catalyst 优化器还负责根据低级 RDD 接口生成可执行的查询计划。Spark SQL 的核心是 Catalyst 优化器，它利用 Scala 的高级特性（如模式匹配）来提供可扩展的查询优化器。

在 Spark 2.0 中，SparkSession 表示在 Spark 中操作数据的统一入口点，可以使用 SparkSession 对象从各种源读取数据，如 CSV、JSON、JDBC、Stream 等。此外，它还可以用来执行 SQL 语句、注册用户定义函数（UDF）和使用 Dataset 和 DataFrame。

Spark DataFrame 的创建类似于 RDD 的创建。为了访问 DataFrame API，需要 SparkSession

作为入口点。

有多种方式创建 DataFrames，详细介绍如下。

1）简单创建单列和多列 DataFrame。

SparkSession 有一个 range 函数，可以很容易地创建单列 DataFrame，带有列名 id 和类型 LongType。示例代码如下。

```
// 创建单列 DataFrame，默认列名是 id，类型是 LongType
val df0 = spark.range(5).toDF()
df0.show
```

输出结果如图 4-4 所示。

```
df0: org.apache.spark.sql.DataFrame = [id: bigint]
+---+
| id|
+---+
|  0|
|  1|
|  2|
|  3|
|  4|
+---+
```

图 4-4   创建单列 DataFrame

还可以指定列名。

```
val df1 = spark.range(5).toDF("num")
df1.show
```

输出结果如图 4-5 所示。

```
df1: org.apache.spark.sql.DataFrame = [num: bigint]
+---+
|num|
+---+
|  0|
|  1|
|  2|
|  3|
|  4|
+---+
```

图 4-5   创建单列 DataFrame 时指定列名

还可以指定范围的起始（含）和结束值（不含）。

```
val df2 = spark.range(5,10).toDF("num")
df2.show
```

输出结果如图 4-6 所示。

```
df2: org.apache.spark.sql.DataFrame = [num: bigint]
+---+
|num|
+---+
|  5|
|  6|
|  7|
|  8|
|  9|
+---+
```

图 4-6　创建单列 DataFrame 时指定范围

还可以指定步长。

```
val df3 = spark.range(5,15,2).toDF("num")
df3.show
```

输出结果如图 4-7 所示。

```
df3: org.apache.spark.sql.DataFrame = [num: bigint]
+---+
|num|
+---+
|  5|
|  7|
|  9|
| 11|
| 13|
+---+
```

图 4-7　创建单列 DataFrame 时指定步长

注意，toDF 采用的是元组列表，而不是标量元素。

通过将一个元组集合转换为一个 DataFrame，可创建多列 DataFrame。这需要使用 SparkSession 对象的 toDF 方法。toDF 方法将列标签列表作为可选的参数，以指定转换后的 DataFrame 的标题行。示例代码如下。

```
val movies = Seq((" 马特·达蒙 ", " 谍影重重 : 极限伯恩 ", 2007L),
        (" 马特·达蒙 ", " 心灵捕手 ", 1997L))

// 将元组转为 DataFrame
val moviesDF = movies.toDF(" 演员 ", " 电影 ", " 年份 ")
```

```
// 输出模式
moviesDF.printSchema

// 显示
moviesDF.show
```

输出结果如图 4-8 所示。

```
root
 |-- 演员: string (nullable = true)
 |-- 电影: string (nullable = true)
 |-- 年份: long (nullable = false)


+-----+---------+----+
|  演员|      电影| 年份|
+-----+---------+----+
|马特·达蒙|谍影重重:极限伯恩|2007|
|马特·达蒙|     心灵捕手|1997|
+-----+---------+----+
```

图 4-8　创建多列 DataFrame

通过元组来创建单列或多列 DataFrames，每个元组类似于一行。可以选择标题列，否则 Spark 会创建一些模糊的名称，比如 _1、_2。列的类型推断是隐式的。

2）从 RDD 创建 DataFrame。

从 RDD 创建 DataFrame 有以下 3 种方式。

① 使用包含行数据（以元组的形式）的 RDD。

② 使用 case class。

③ 指定一个模式（schema）。

从 RDD 创建 DataFrame 有多种方式，但是这些方法都必须提供一个 schema。要么显式地提供，要么隐式地提供。

下面的示例中，调用 RDD 的 toDF 显式函数，将 RDD 转换到 DataFrame，使用指定的列名。列的类型是从 RDD 中的数据推断出来的。

```
import scala.util.Random

// 构造 RDD
val rdd = sc.parallelize(1 to 10).map(x => (x, Random.nextInt(100)*x))
rdd.cache

// 将 RDD 转换到 DataFrame
val kvDF = rdd.toDF("key","value")

// 输出 DataFrame Schema
kvDF.printSchema
```

```
// 显示
kvDF.show(3)
```

输出结果如图 4-9 所示。

```
kvDF: org.apache.spark.sql.DataFrame = [key: int, value: int]
root
 |-- key: integer (nullable = false)
 |-- value: integer (nullable = false)


+---+-----+
|key|value|
+---+-----+
|  1|   83|
|  2|  166|
|  3|  180|
+---+-----+
only showing top 3 rows
```

图 4-9 将 RDD 转换到 DataFrame

为了使用特定的模式创建一个 DataFrame，为 DataFrame 中包含的行定义一个 Row 对象。编程创建一个 schema，提供该 RDD 和 schema 给函数 createDataFrame 来转换为 DataFrame。示例代码如下。

```
import org.apache.spark.sql.Row
import org.apache.spark.sql.types._

// 构造一个 RDD
val peopleRDD = sc.parallelize(Array(Row(1L," 张小三 ",30L),
                                     Row(2L, " 李小四 ",25L),
                                     Row(3L," 王老五 ",35L)))

// 指定一个 Schema( 模式 )
val schema = StructType(Array(StructField("id", LongType, true),
                             StructField("name", StringType, true),
                             StructField("age", LongType, true)
                    ))

// 从给定的 RDD 应用给定的 Schema 创建一个 DataFrame
val peopleDF = spark.createDataFrame(peopleRDD, schema)

// 查看 DataFrame Schema
peopleDF.printSchema

// 输出
peopleDF.show
```

输出结果如图 4-10 所示。

```
peopleDF: org.apache.spark.sql.DataFrame = [id: bigint, name: string ... 1 more field]
root
 |-- id: long (nullable = true)
 |-- name: string (nullable = true)
 |-- age: long (nullable = true)

+---+----+---+
| id|name|age|
+---+----+---+
|  1| 张小三| 30|
|  2| 李小四| 25|
|  3| 王老五| 35|
+---+----+---+
```

图 4-10　创建 DataFrame 时指定 Schema

3）读取文本文件创建 DataFrame。

文本文件是最常见的数据存储文件。Spark DataFrame API 允许开发者将文本文件的内容转换成 DataFrame。仔细查看下面的例子，以便更好地理解（这里使用的是 Spark 自带的数据文件）。

```
val file = "/data/spark_demo/resources/people.txt"
val txtDF = spark.read.text(file)          // 加载文本文件

txtDF.printSchema                          // 打印 schema
txtDF.show                                 // 输出
```

输出内容如图 4-11 所示。

```
txtDF: org.apache.spark.sql.DataFrame = [value: string]
root
 |-- value: string (nullable = true)

+-----------+
|      value|
+-----------+
|Michael, 29|
|   Andy, 30|
| Justin, 19|
+-----------+
```

图 4-11　读取文本文件创建 DataFrame

Spark 会自动从生成模式相应地创建一个 DataFrame。因此，没有必要为文本数据定义模式，因为模式是自动推断的。

4）读取 CSV 文件创建 DataFrame。

在 Spark 2.x 中，加载 CSV 文件是非常简单的。

```
val file = "/data/spark_demo/movies/movies.csv"
val movies = spark.read.option("inferSchema","true").          // 指定模式自动推断
```

```
                    option("header","true").      // 说明有标题行
                    csv(file)                                // 读取 CSV 文件

movies.printSchema                                   // 打印 schema

movies.count                                         // 统计数据数量
movies.show(5)                                       // 显示前 5 条
```

输出结果如图 4-12 所示。

```
root
 |-- actor: string (nullable = true)
 |-- title: string (nullable = true)
 |-- year: string (nullable = true)

res144: Long = 31394
+-----------------+-------------+----+
|            actor|        title|year|
+-----------------+-------------+----+
|McClure, Marc (I)|Freaky Friday|2003|
|McClure, Marc (I)| Coach Carter|2005|
|McClure, Marc (I)|  Superman II|1980|
|McClure, Marc (I)|    Apollo 13|1995|
|McClure, Marc (I)|     Superman|1978|
+-----------------+-------------+----+
only showing top 5 rows
```

图 4-12　读取 CSV 文件创建 DataFrame，使用类型推断

在上面的示例中使用了模式推断，也可以手工提供一个 schema。看下面的代码。

```
import org.apache.spark.sql.types._

// 构造一个 schema
val movieSchema = StructType(Array(StructField("actor_name", StringType, true),
                        StructField("movie_title", StringType, true),
                        StructField("produced_year", LongType, true)
            ))

// 加载时指定 schema
val movies3 = spark.read.option("header","true").schema(movieSchema).csv(file)

// 打印 schema
movies3.printSchema

// 显示前 5 条，false 的意思是全部显示不节略
movies3.show(5,false)
```

输出结果如图 4-13 所示。

```
root
 |-- actor_name: string (nullable = true)
 |-- movie_title: string (nullable = true)
 |-- produced_year: long (nullable = true)


+----------------+------------+-------------+
|actor_name      |movie_title |produced_year|
+----------------+------------+-------------+
|McClure, Marc (I)|Freaky Friday|2003        |
|McClure, Marc (I)|Coach Carter |2005        |
|McClure, Marc (I)|Superman II  |1980        |
|McClure, Marc (I)|Apollo 13    |1995        |
|McClure, Marc (I)|Superman     |1978        |
+----------------+------------+-------------+
only showing top 5 rows
```

图 4-13　读取文本文件创建 DataFrame，指定 Schema

5）读取 JSON 文件创建 DataFrame。

对任何现代数据分析工作流来说，数据和 JSON 间的转换是必不可少的。Spark DataFrame API 允许开发者将 JSON 对象转换成 DataFrames，反之亦然。仔细看看下面的例子，以便更好地理解。

```
// 加载 json 数据文件
val jsonFile = "/data/spark_demo/movies/movies.json"
val movies5 = spark.read.json(jsonFile)     // json 解析；列名和数据类型隐式地推断

movies5.printSchema
movies5.show(5,false)
```

输出结果如图 4-14 所示。

```
root
 |-- actor_name: string (nullable = true)
 |-- movie_title: string (nullable = true)
 |-- produced_year: long (nullable = true)


+----------------+-----------------+-------------+
|actor_name      |movie_title      |produced_year|
+----------------+-----------------+-------------+
|McClure, Marc (I)|Coach Carter     |2005        |
|McClure, Marc (I)|Superman II      |1980        |
|McClure, Marc (I)|Apollo 13        |1995        |
|McClure, Marc (I)|Superman         |1978        |
|McClure, Marc (I)|Back to the Future|1985       |
+----------------+-----------------+-------------+
only showing top 5 rows
```

图 4-14　读取 JSON 文件创建 DataFrame，使用类型推断

Spark 会自动从 key 中生成模式，并相应地创建一个 DataFrame。因为模式是自动推断的，因此没有必要为 JSON 数据定义模式。此外，Spark 极大地简化了访问复杂 JSON 数据结构中的字段所需的查询语法。

当然，也可以明确指定一个 schema，覆盖 Spark 的推断 schema。示例代码如下。

```
import org.apache.spark.sql.types._

// 创建一个 schema，其中 producted_year 被指定为 integer 类型
val movieSchema2 = StructType(Array(
            StructField("actor_name", StringType, true),
            StructField("movie_title", StringType, true),
            StructField("produced_year", IntegerType, true)
        ))

// 读取 json 文件时，指定 schema
val movies6 = spark.read.schema(movieSchema2).json(jsonFile)

movies6.printSchema
movies6.show(5,false)
```

输出结果如图 4-15 所示。

```
root
 |-- actor_name: string (nullable = true)
 |-- movie_title: string (nullable = true)
 |-- produced_year: integer (nullable = true)

+----------------+-----------------+-------------+
|actor_name      |movie_title      |produced_year|
+----------------+-----------------+-------------+
|McClure, Marc (I)|Coach Carter     |2005         |
|McClure, Marc (I)|Superman II      |1980         |
|McClure, Marc (I)|Apollo 13        |1995         |
|McClure, Marc (I)|Superman         |1978         |
|McClure, Marc (I)|Back to the Future|1985        |
+----------------+-----------------+-------------+
```

图 4-15　读取 JSON 文件创建 DataFrame，指定 Schema

6）读取 Parquet 文件创建 DataFrame。

Apache Parquet 是一种高效的、压缩的列式数据表示，可用于 Hadoop 生态系统中的任何项目。Parquet 支持非常有效的压缩和编码方案，可以大大提高这类应用程序的性能。

Apache Spark 提供了对读取和写入 Parquet 文件的支持，这些文件自动保存原始数据的模式。下面的例子读取了 Parquet 格式文件内容到 DataFrame 中，然后打印其 schema 并输出前 5 条数据。

```
// 读取 Parquet 文件
val parquetFile = "/data/spark_demo/movies/movies.parquet"

// Parquet 是默认的格式，因此当读取时我们不需要指定格式
val movies9 = spark.read.load(parquetFile)
// 如果我们想要更加明确，我们可以指定 parquet 函数
// val movies10 = spark.read.parquet(parquetFile)
```

```
movies9.printSchema
movies9.show(5)
```

输出结果如图 4-16 所示。

```
root
 |-- actor_name: string (nullable = true)
 |-- movie_title: string (nullable = true)
 |-- produced_year: long (nullable = true)


+----------------+-----------------+-------------+
|      actor_name|      movie_title|produced_year|
+----------------+-----------------+-------------+
|McClure, Marc (I)|     Coach Carter|         2005|
|McClure, Marc (I)|     Superman II|         1980|
|McClure, Marc (I)|       Apollo 13|         1995|
|McClure, Marc (I)|         Superman|         1978|
|McClure, Marc (I)|Back to the Future|        1985|
+----------------+-----------------+-------------+
only showing top 5 rows
```

图 4-16　读取 Parquet 文件创建 DataFrame

7）读取 ORC 文件创建 DataFrame。

ORC 文件是另外一种列式存储格式的数据文件。Apache Spark 提供了对读取和写入 ORC 文件的支持。下面的例子演示了如何读取 ORC 文件并创建 DataFrame。

```
// 读取 ORC 文件
val orcFile = "/data/spark_demo/movies/movies.orc"
val movies11 = spark.read.orc(orcFile)

movies11.printSchema
movies11.show(5)
```

输出结果如图 4-17 所示。

```
root
 |-- actor_name: string (nullable = true)
 |-- movie_title: string (nullable = true)
 |-- produced_year: long (nullable = true)


+----------------+-----------------+-------------+
|      actor_name|      movie_title|produced_year|
+----------------+-----------------+-------------+
|McClure, Marc (I)|     Coach Carter|         2005|
|McClure, Marc (I)|     Superman II|         1980|
|McClure, Marc (I)|       Apollo 13|         1995|
|McClure, Marc (I)|         Superman|         1978|
|McClure, Marc (I)|Back to the Future|        1985|
+----------------+-----------------+-------------+
only showing top 5 rows
```

图 4-17　读取 ORC 文件创建 DataFrame

8）使用 JDBC 从数据库创建 DataFrame。

Spark 允许开发人员使用 JDBC 创建来自其他数据库的 DataFrames，只要确保预定数据库的 JDBC 驱动程序是可访问的。

下面的例子假设已经在给定的 URL 中运行了一个 MySQL 数据库，一个名为 simpledb 的数据库，其中包含一些数据，以及要登录的账号和密码。需要特别注意的是，在使用 JDBC 从 Spark 读取 MySQL 数据库数据时，必须在启动 REPL shell 时指定驱动程序的 class path 路径，因此通常会重启 spark-shell，并使用 driver-class-path 命令行参数指定 JDBC 驱动程序的路径。

```
// 启动 shell，带有 driver-class-path 命令行参数
spark-shell --driver-class-path /usr/share/java/mysql-connector-java.jar
```

下面的代码从 MySQL 服务器的一个 peoples 表中读取数据到 DataFrame。

```
val mysqlURL= "jdbc:mysql://master:3306/simpledb"              // 数据库名为 simpledb
val peoplesDF = spark.read.format("jdbc").
                     option("driver", "com.mysql.jdbc.Driver").     // 数据库驱动程序类名
                     option("url", mysqlURL).                         // 连接 url
                     option("dbtable", "peoples").                    // 要读取的表
                     option("user", "root").                          // 连接账户
                     option("password","admin").                      // 连接密码
                     load()
peoplesDF.printSchema
peoplesDF.show()
```

输出内容如图 4-18 所示。

```
peoplesDF: org.apache.spark.sql.DataFrame = [name: string, age: int]
root
 |-- name: string (nullable = true)
 |-- age: integer (nullable = true)

+----+---+
|name|age|
+----+---+
|  张三| 29|
|  李四| 30|
| 王老五| 19|
+----+---+
```

图 4-18　使用 JDBC 从数据库创建 DataFrame

也可使用 jdbc() 快捷方法从关系型数据库中加载数据，示例代码如下。

```
val result = spark.read.jdbc("jdbc:mysql://master:3306/simpledb","peoples", Array("viewCount > 3"), props)
result.show
```

任务 2　结果可视化展示

任务分析

俗话说"一图胜千言"。对于查询结果，最好是以可视化的方式展示给客户，这样会让分析结果看起来更加直观。在 Zeppelin 中，支持查询结果的可视化显示。

任务实施

在 Zeppelin 的单元格中，执行以下语句，可视化显示数据（注：第一行必须输入 %sql）。

```sql
%sql
select age,gender,count(*) as total_peoples
from users as u join ratings as r
on u.userid=r.userid
where movieid=${MOVIE_ID=2116}
group by gender,age
```

输出结果如图 4-19 所示。

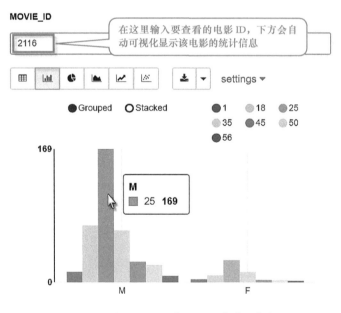

图 4-19　在 Zeppelin 中可视化地展示数据

必备知识

在 Zeppelin notebook 中使用 SQL 解释器，可以将查询结果以常见的方式进行可视化展示，如条状图、饼状图、散点图、折线图等。

项目 2

分析银行客户数据

项目描述

某银行积累了大量客户数据，现希望大数据分析团队使用 Spark SQL 技术对这些数据进行分析，以期回答以下问题。

1) 查看不同年龄段的客户人数。

2) 根据客户婚姻状况的不同显示对应的客户年龄分布。

本项目用到的数据集为 "bank-full.csv"，存储路径为 HDFS 上的 "/data/dataset/" 目录下。该数据集包含银行客户信息，其中部分字段的说明见表 4-1（只用到了下面这部分字段）。

表 4-1 银行客户数据集字段定义

字 段	定 义
age	客户年龄
job	职业
marital	婚姻状况
education	受教育程度
balance	银行账户余额

任务 1 探索和分析数据集

任务分析

首先需要读取数据源，构造 DataFrame。要查看不同年龄段的客户人数，实际上就是按年龄字段进行分组统计。而要根据客户婚姻状况的不同显示对应的客户年龄分布，需要先按客户婚姻状况对数据集进行过滤（例如，选择"已婚"的客户），然后在子集上执行分组统计。

任务实施

1) 加载数据集到 RDD。在 notebook 单元格中输入以下代码，加载数据集到 RDD。

```
val filePath = "/data/dataset/bank-full.csv"          // 定义要加载数据集的 hdfs 路径
val bankText = sc.textFile(filePath)                   // 读取数据集到 rdd

bankText.cache                                         // 缓存 rdd
```

同时按 <Shift+Enter> 组合键，执行以上代码。

2）对数据集进行简单探索。在 notebook 单元格中输入以下代码。

```
bankText.take(2).foreach(println)
```

同时按 <Shift+Enter> 组合键，执行以上代码，输出内容如下。

"age" ;" job" ;" marital" ;" education" ;" default" ;" balance" ;" housing" ;" loan" ;" contact" ;"
day" ;" month" ;" duration" ;" campaign" ;" pdays" ;" previous" ;" poutcome" ;" y"

58;" management" ;" married" ;" tertiary" ;" no" ;2143;" yes" ;" no" ;" unknown" ;5;" m
ay" ;261;1;-1;0;" unknown" ;" no"

由以上输出内容可以看出，原始的数据集中带有标题行。另外，除了关注的 5 个字段外，实际还包括了其他更多的字段。

3）数据提炼。需要对原始数据集进行处理，去掉标题行，并只提取所需要的 5 个字段。在 notebook 单元格中输入以下代码。

```
// 定义 case class 类
case class Bank(age:Integer,job:String,marital:String,education:String,balance:Integer)

// 拆分每一行，过滤掉第一行（以 age 开头的标题行），并映射到 Bank case class
val bank = bankText.map(s => s.split(";")).filter(s => s(0) != "\"age\"").map(s =>
    Bank(s(0).replaceAll("\"","").replaceAll(" ","").toInt,
        s(1).replaceAll("\"",""),
        s(2).replaceAll("\"",""),
        s(3).replaceAll("\"",""),
        s(5).replaceAll("\"","").toInt)
    )
```

同时按 <Shift+Enter> 组合键，执行以上代码，输出内容如下。

```
defined class Bank
bank: org.apache.spark.rdd.RDD[Bank] = MapPartitionsRDD[4] at map at :36
```

由以上输出内容可以看出，经过转换以后，RDD 中的内容变成了 Bank 类型的对象。

4）将 band RDD 转换为 DataFrame。在 notebook 单元格中输入以下代码。

```
val bankDF = bank.toDF()
```

同时按 <Shift+Enter> 组合键，执行以上代码，输出内容如下。

```
bankDF: org.apache.spark.sql.DataFrame = [age: int, job: string … 3 more fields]
```

由以上输出内容可以看出，经过转换以后，获得了一个名为"bankDF"的 DataFrame。

5）查看 bankDF 的数据和格式。在 notebook 单元格中输入以下代码。

```
bankDF.show
```

同时按 <Shift+Enter> 组合键，执行以上代码，输出内容如图 4-20 所示。

由以上输出内容可以看出，在使用 show 方法显示 DataFrame 时，默认只显示前 20 行记录。

```
+---+------------+--------+---------+-------+
|age|         job| marital|education|balance|
+---+------------+--------+---------+-------+
| 58|  management| married| tertiary|   2143|
| 44|  technician|  single|secondary|     29|
| 33|entrepreneur| married|secondary|      2|
| 47| blue-collar| married|  unknown|   1506|
| 33|     unknown|  single|  unknown|      1|
| 35|  management| married| tertiary|    231|
| 28|  management|  single| tertiary|    447|
| 42|entrepreneur|divorced| tertiary|      2|
| 58|     retired| married|  primary|    121|
| 43|  technician| married|secondary|    593|
| 41|      admin.|divorced|secondary|    270|
| 29|      admin.|  single|secondary|    390|
| 53|  technician| married|secondary|      6|
| 58|  technician| married|  unknown|     71|
| 57|    services| married|secondary|    162|
| 51|     retired| married|  primary|    229|
| 45|      admin.|  single|  unknown|     13|
| 57| blue-collar| married|  primary|     52|
| 60|     retired| married|  primary|     60|
| 33|    services| married|secondary|      0|
+---+------------+--------+---------+-------+
only showing top 20 rows
```

图 4-20　浏览 Bank 数据集

6）注册临时表，使用 SQL 进行查询。在 notebook 单元格中输入以下代码。

bankDF.createOrReplaceTempView("bank_tb")

同时按 <Shift+Enter> 组合键，执行以上代码，创建一个名为 "bank_tb" 的临时视图。

7）查看年龄小于 30 岁的客户信息。在 notebook 单元格中输入以下代码。

spark.sql("select * from bank_tb where age<30").show

同时按 <Shift+Enter> 组合键，执行以上代码，输出内容如图 4-21 所示。

```
+---+------------+--------+---------+-------+
|age|         job| marital|education|balance|
+---+------------+--------+---------+-------+
| 28|  management|  single| tertiary|    447|
| 29|      admin.|  single|secondary|    390|
| 28| blue-collar| married|secondary|    723|
| 25|    services| married|secondary|     50|
| 25| blue-collar| married|secondary|     -7|
| 29|  management|  single| tertiary|      0|
| 24|  technician|  single|secondary|   -103|
| 27|  technician|  single| tertiary|      0|
| 29|    services|divorced|secondary|     31|
| 29|      admin.|  single|secondary|    818|
| 28|  unemployed|  single| tertiary|      0|
| 23| blue-collar| married|secondary|     94|
| 26|     student|  single|secondary|      0|
| 26|      admin.|  single|secondary|     82|
| 28| blue-collar| married|  primary|    324|
| 22| blue-collar|  single|secondary|      0|
| 24|     student|  single|secondary|    423|
| 24|     student|  single|secondary|     82|
| 27|    services| married|secondary|      8|
| 23|     student|  single|secondary|    157|
+---+------------+--------+---------+-------+
only showing top 20 rows
```

图 4-21　查看年龄小于 30 岁的客户信息

8）输出 DataFrame 的 Schema 模式信息。在 notebook 单元格中输入以下代码。

```
bankDF.printSchema
```

同时按 <Shift+Enter> 组合键，执行以上代码，输出内容如下。

```
root
 |-- age: integer (nullable = true)
 |-- job: string (nullable = true)
 |-- marital: string (nullable = true)
 |-- education: string (nullable = true)
 |-- balance: integer (nullable = true)
```

由以上输出内容可以看出，在转换为 DataFrame 时，Spark SQL 自动推断数据类型，其中 age 和 balance 字段为 integer 整型，其他字段为 string 字符串类型。

9）查看不同年龄段的客户人数。在 notebook 单元格中输入以下代码。

```
spark.sql("""select age,count(age) as total_ages
    from bank_tb
    where age<30
    group by age
    order by age""").show
```

同时按 <Shift+Enter> 组合键，执行以上代码，输出内容如图 4-22 所示。

```
+---+----------+
|age|total_ages|
+---+----------+
| 18|        12|
| 19|        35|
| 20|        50|
| 21|        79|
| 22|       129|
| 23|       202|
| 24|       302|
| 25|       527|
| 26|       805|
| 27|       909|
| 28|      1038|
| 29|      1185|
+---+----------+
```

图 4-22　查看不同年龄段的客户人数

必备知识

　　Spark SQL 支持直接应用标准 SQL 语句进行查询。当在 Spark SQL 中编写 SQL 命令时，它们会被翻译为 DataFrames 上的操作。在 SQL 语句内，可以访问所有 SQL 表达式和内置函数。这需要使用 SparkSession 的 sql 函数执行给定的 SQL 查询，它会返回一个 DataFrame。

　　下面是执行一个不带注册视图的 SQL 语句的简单示例。

```
val infoDF = spark.sql("select current_date() as today , 1 + 100 as value")
infoDF.show
```

输出结果如图 4-23 所示。

```
infoDF: org.apache.spark.sql.DataFrame = [today: date, value: int]
+----------+-----+
|     today|value|
+----------+-----+
|2019-04-25|  101|
+----------+-----+
```

图 4-23　SQL 语句查询结果

从输出结果可以看出，执行 sql 函数返回的是一个 DataFrame。

在 Spark shell 中，spark.sql 是自动导入的，所以可以直接使用该函数编写 SQL 命令。例如：

```
sql("select current_date() as today , 1 + 100 as value").show
```

DataFrame 和 Dataset 本质上就像数据库中的表一样。在可以发出 SQL 查询来操纵它们之前，需要将它们注册为一个临时视图，再使用 SQL 查询从临时表中查询数据。每个视图都有一个名字，通过视图的名字来引用该 DataFrame，该名字在 select 子句中用作表名。

也可以在 sql 函数中混合使用 SQL 语句和 DataFrame 转换 API。

任务 2　分析结果可视化展现

任务分析

数据可视化旨在借助于图形化手段，清晰有效地传达与沟通信息。本任务将在 Zeppelin 中对查询结果进行可视化展示。

任务实施

1）查看不同年龄段的客户人数并可视化展示。在 notebook 单元格中输入以下代码。

```
%sql
select age,count(age) as total_ages
from bank_tb
where age<30
group by age
order by age
```

同时按 <Shift+Enter> 组合键，执行以上代码，输出内容如图 4-24 所示。

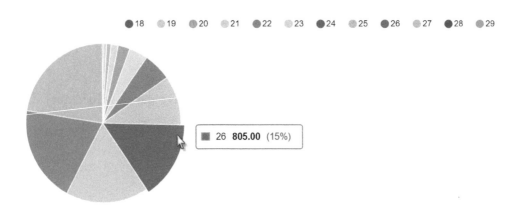

图 4-24　可视化不同年龄段的客户人数

注意，在执行可视化时，一定要在单元格中的第一行指定"%sql"。在生成的可视化图上，将鼠标放在不同的比例部分，会出现相应的数字。

2）根据婚姻状况的不同显示对应的年龄分布，并可视化展示。在 notebook 单元格中输入以下代码。

```
%sql
select age, count(1)
from bank_tb
where marital="${marital=single,single( 未婚 )|divorced( 离婚 )|married( 已婚 )}"
group by age
order by age
```

同时按 <Shift+Enter> 组合键，执行以上代码，输出内容如图 4-25 所示。

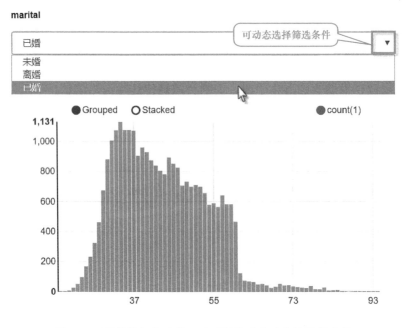

图 4-25　根据婚姻状况的不同可视化显示对应的年龄分布

注意，在执行可视化时，一定要在单元格中的第一行指定"%sql"。在生成的可视化图上，可单击下拉框右侧的三角按钮选择婚姻状况类别，动态查看相应的结果。

必备知识

在 Zeppelin notebook 中使用 SQL 解释器可以将查询结果以常见的方式进行可视化展示，例如，条状图、饼状图、散点图、折线图等。

单\元\小\结

Spark SQL 是 Spark 1.0 中引入的结构化数据处理的 Spark 模块。Spark 2.0 版本带来了 API 的重要统一，并扩展了 SQL 功能，包括对子查询的支持。在 Spark 2.0 中，DataFrame API 已与 Dataset API 合并，从而统一了跨 Spark 库的数据处理功能。统一的 API 为 Spark 的未来跨越所有的库奠定了基础。开发人员可以在他们的数据上实施"结构"，可以使用高级的声明性 API，从而提高性能和生产力。性能提升是由于底层优化层的结果。DataFrames、Datasets 和 SQL 共享相同的优化和执行管道。

Spark 实现了 ANSI SQL:2003 修订版（最流行的 RDBMS 服务器支持）的一个子集。此外，Spark 2.0 通过包含一个新的 ANSI SQL 解析器扩展了 Spark SQL 功能，支持子查询和 SQL:2003 标准。更具体地说，子查询支持现在包括相关 / 不相关的子查询，以及 WHERE / HAVING 子句中的 IN / NOT IN 和 EXISTS / NOT EXISTS 谓词。

Spark 提供了几种在 Spark 中运行 SQL 的不同方法。

1）Spark SQL CLI(. / bin / spark-sql)。

2）JDBC / ODBC 服务器。

3）以编程方式编写 Spark 应用程序。

聚合是大数据分析领域中最常用的特性之一。Spark SQL 提供了许多常用的聚合函数，如 sum、count、avg 等。Spark SQL 支持在 SQL 世界中存在的许多标准 Join 类型。

Spark SQL 附带了一组丰富的内置函数，它涵盖了处理字符串、数学、日期和时间等方面的大部分常见需求。如果它们都没有满足某个用例的特定需求，那么就很容易编写一个用户定义的函数，该函数既可以用于 DataFrame APIs 编程，也可以用于 SQL 查询。

RDD 和 DataFrame 是由 Spark 提供的两种不同类型的容错和分布式数据抽象。它们在某种程度上是相似的，但在实现方面却有很大的不同。开发人员需要对他们的差异有一个清晰的理解，以便能够将自身的需求与正确的抽象相匹配。

以下是 RDDs 和 DataFrames 之间的相似之处。

1）两者都是在 Spark 中容错的、分区的数据抽象。

2）两者都可以处理不同的数据源。

3）两者都是惰性执行（在执行输出操作时执行），因此有能力执行最优的执行计划。

4）这两个API都可以在所有4种语言中使用：Scala、Python、Java和R。

以下是RDD和DataFrame之间的区别。

1）DataFrame是比RDD更高级的抽象。

2）RDD意味着定义一个有向无环图（DAG），而DataFrame则会创建抽象语法树（AST）。一个AST将被Spark SQL catalyst引擎使用和优化。

3）RDD是一个通用的数据结构抽象，而DataFrame是一种专门的数据结构，用于处理二维的、表格式的数据。

Unit 5

学习单元 5

单元概述

除了批数据处理之外，流数据处理已经成为任何想要利用实时数据的价值来提高其竞争优势或改善用户体验的企业的必备能力。

在很多领域，如股市走向分析、气象数据测控、网站用户行为分析等，由于数据产生快、实时性强、量大，很难统一采集并入库存储后再做处理，这便导致传统的数据处理架构不能满足需要。流计算的出现，就是为了更好地解决这类数据在处理过程中遇到的问题。与传统架构不同，流计算模型在数据流动的过程中实时地进行捕捉和处理，并根据业务需求对数据进行计算分析，最终把结果保存或者分发给需要的组件。

Apache Spark的统一数据处理平台能够执行流数据处理和批处理数据处理，因此广受欢迎。Spark 2.0引入了高级别的流处理API，叫作Structured Streaming(结构化流)。结构化流是一种快速、容错、精确的状态流处理方法。它支持流分析，而无须考虑流的底层机制。这个可伸缩和容错的高级流API构建在Spark SQL引擎之上，与SQL查询和DataFrame/Dataset API紧密集成。主要优点是使用相同的高级Spark DataFrame和Dataset API和Spark引擎计算出操作所需的增量和连续执行，简化实时、连续的大数据应用程序的开发。结构化流支持批量计算和流计算的真正统一，并可以连接（join）流和批数据。

本单元将通过两个项目来掌握使用Spark结构化流开发实时处理程序，以及Kafka和Spark整合的方法。

学习目标

通过本单元的学习，达成以下学习目标：

- 理解Spark结构化流处理模型
- 熟悉掌握Spark结构化流处理API的使用
- 具备整合分布式消息平台Kafka和Spark结构化流来开发实现、连续的大数据应用程序的能力

项目 1

实时检测与分析物联网设备故障

项目描述

　　某公司数据中心使用传感器实时检测所有计算机机架的温度，现需要开发一个实时计算程序，按一定的时间间隔周期性地检测每个服务器机架的温度，并生成一个报告，显示所有计算机机架的平均温度，以及每一个机架在滑动显示窗口（时间长度 10 分钟、滑动间隔 5 分钟）中的平均温度，从而发现温度异常的机架，及时排查故障。

任务 1　数　据　准　备

任务分析

　　IoT 所采集到的数据都是以 JSON 格式存储。以下为数据中心的两个数据传感器检测到的两个机架的温度数据。

```
    file1.json：
{"rack":"rack1","temperature":99.5,"ts":"2017-06-02T08:01:01"}
{"rack":"rack1","temperature":100.5," ts":"2017-06-02T08:06:02"}
{"rack":"rack1","temperature":101.0," ts":"2017-06-02T08:11:03"}
{"rack":"rack1","temperature":102.0," ts":"2017-06-02T08:16:04"}
    file2.json：
{"rack":"rack2","temperature":99.5,"ts":"2017-06-02T08:01:02"}
{"rack":"rack2","temperature":105.5,"ts":"2017-06-02T08:06:04"}
{"rack":"rack2","temperature":104.0,"ts":"2017-06-02T08:11:06"}
{"rack":"rack2","temperature":108.0,"ts":"2017-06-02T08:16:08"}
```

　　其中"rack"代表机架的 id，"temperature"代表该机架的温度，"ts"代表该条温度数据采集的时间，也就是事件时间。

任务实施

1. 启动 HDFS、Spark 集群服务

（1）启动 HDFS 集群

在 Linux 终端窗口中输入以下命令，启动 HDFS 集群。

```
# start-dfs.sh
```

（2）启动 Spark 集群

在 Linux 终端窗口中输入以下命令，启动 Spark 集群。

```
# cd /data/bigdata/spark-2.3.2
# ./sbin/start-all.sh
```

（3）验证以上进程是否已启动

在 Linux 终端窗口中输入以下命令，查看启动的服务进程。

```
# jps
```

如果显示以下 5 个进程，则说明各项服务启动正常，可以继续下一阶段。

```
2288 NameNode
2402 DataNode
2603 SecondaryNameNode
2769 Master
2891 Worker
```

2．准备案例中用到的数据集

1）在 HDFS 上创建数据存储目录。在 Linux 终端窗口中输入以下命令。

```
# hdfs dfs -mkdir -p /data/dataset/streaming/iot-input
```

2）将 IoT 数据文件上传到 HDFS 上。在 Linux 终端窗口中输入以下命令。

```
# hdfs dfs -put /data/dataset/streaming/iot/*  /data/dataset/streaming/iot-input/
```

3）在 Linux 终端窗口中输入以下命令，查看 HDFS 上是否已经有了 IoT 目录。

```
# hdfs dfs -ls /data/dataset/streaming/iot-input
```

这时应该看到该目录下有两个文件：file1.json 和 file2.json。

必备知识

　　JSON（JavaScript Object Notation）是一种轻量级的数据交换格式。它基于 ECMAScript（欧洲计算机协会制定的 JS 规范）的一个子集，采用完全独立于编程语言的文本格式来存储和表示数据。简洁和清晰的层次结构使得 JSON 成为理想的数据交换语言。易于阅读和编写，同时也易于机器解析和生成，并有效地提升网络传输效率。

　　任何支持的类型都可以通过 JSON 来表示，如字符串、数字、对象、数组等。但是对象和数组是比较特殊且常用的两种类型。

　　对象：对象在 JS 中是使用花括号 {} 包裹起来的内容，数据结构为 {key1：value1，key2：value2，...} 的键值对结构。在面向对象的语言中，key 为对象的属性，value 为对应的值。键名可以使用整数和字符串来表示，值的类型可以是任意类型。

　　数组：数组在 JS 中是方括号 [] 包裹起来的内容，数据结构为 ["java", "javascript", "vb", ...] 的索引结构。在 JS 中，数组是一种比较特殊的数据类型，它也可以像对象那样使用键值对，但还是索引使用得多。同样，值的类型可以是任意类型。

JSON 最常用的格式是对象的键值对。例如：

```
{"firstName": "Brett", "lastName": "McLaughlin"}
```

JSON 表示数组的方式也是使用方括号 []。

```
{
    "people":[
        {"firstName": "Brett", "lastName":"McLaughlin"},
        {"firstName":"Jason", "lastName":"Hunter"}
    ]
}
```

任务 2　处理实时数据

任务分析

实时计算所有计算机机架在一个滑动窗口上的平均温度，从而发现温度异常的机架。

任务实施

下面使用 Spark Shell 来执行 Spark 流处理程序。请按以下步骤执行。

1）启动 spark shell。在 Linux 终端窗口中输入以下命令。

```
# spark-shell --master spark://localhost:7077
```

执行以上代码，进入 Spark Shell 交互开发环境，如图 5-1 所示。

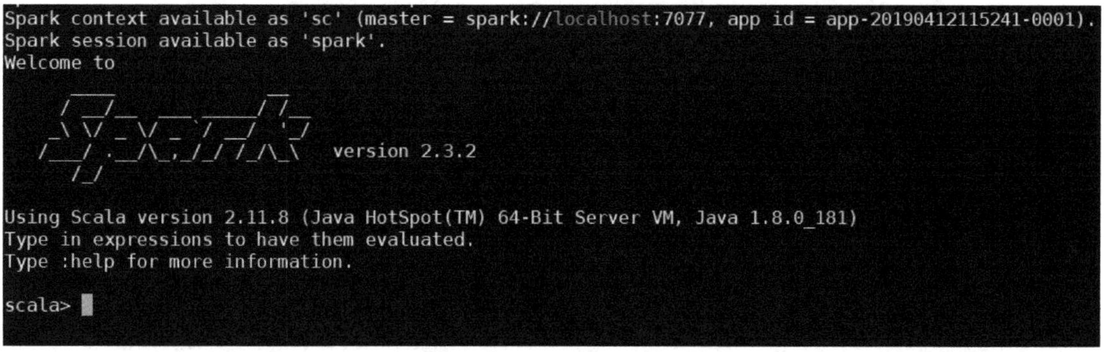

```
Spark context available as 'sc' (master = spark://localhost:7077, app id = app-20190412115241-0001).
Spark session available as 'spark'.
Welcome to



      ____              __
     / __/__  ___ _____/ /__
    _\ \/ _ \/ _ `/ __/  '_/
   /___/ .__/\_,_/_/ /_/\_\   version 2.3.2
      /_/

Using Scala version 2.11.8 (Java HotSpot(TM) 64-Bit Server VM, Java 1.8.0_181)
Type in expressions to have them evaluated.
Type :help for more information.

scala>
```

图 5-1　进入到 Spark Shell 交互开发环境

2）导入案例代码运行所依赖的包。在 paste 模式下输入以下代码。

```
// 首先导入包
import org.apache.spark.sql.types._
import org.apache.spark.sql.functions._
```

同时按 <Ctrl+D> 组合键，执行以上代码，输出结果如图 5-2 所示。

```
scala> :paste
// Entering paste mode (ctrl-D to finish)

import org.apache.spark.sql.types._
import org.apache.spark.sql.functions._

// Exiting paste mode, now interpreting.

import org.apache.spark.sql.types._
import org.apache.spark.sql.functions._

scala>
```

图 5-2　导入案例代码运行所依赖的包

3）构造数据 Schema 模式，注意其中温度和时间的数据类型。温度的数据类型为 Double，时间的数据类型为 Timestamp。在 paste 模式下输入以下代码。

```
// 定义 schema
val iotDataSchema = new StructType().add("rack", StringType, false).
                                    add("temperature", DoubleType, false).
                                    add("ts", TimestampType, false)
```

同时按 <Ctrl+D> 组合键，执行以上代码，输出结果如图 5-3 所示。

```
scala> :paste
// Entering paste mode (ctrl-D to finish)

// 定义schema
val iotDataSchema = new StructType().add("rack", StringType, false).add("tempera
ture", DoubleType, false).add("ts", TimestampType, false)

// Exiting paste mode, now interpreting.

iotDataSchema: org.apache.spark.sql.types.StructType = StructType(StructField(ra
ck,StringType,false), StructField(temperature,DoubleType,false), StructField(ts,
TimestampType,false))

scala>
```

图 5-3　定义 Schema

4）加载数据文件到 DataFrame 中。在 paste 模式下输入以下代码。

```
// 读取温度数据
val dataPath = "/data/dataset/streaming/iot-input"
val iotSSDF = spark.readStream.schema(iotDataSchema).json(dataPath)
```

同时按 <Ctrl+D> 组合键，执行以上代码，输出内容如图 5-4 所示。

```
scala> :paste
// Entering paste mode (ctrl-D to finish)

// 读取温度数据
val dataPath = "/data/spark_demo/streaming/iot-input"
val iotSSDF = spark.readStream.schema(iotDataSchema).json(dataPath)

// Exiting paste mode, now interpreting.

dataPath: String = /data/spark_demo/streaming/iot-input
iotSSDF: org.apache.spark.sql.DataFrame = [rack: string, temperature: double ... 1 more field]
```

图 5-4　读取文件数据源到 DataFrame

由以上输出内容可以看出，采集到的机架温度（json 格式）数据被读取到了 DataFrame 中。

5）创建一个 10 分钟大小的滑动窗口，并在 temperature 列上求机架温度的平均值。在 paste 模式下输入以下代码。

```
// group by 一个滑动窗口，并在 temperature 列上求平均值
val iotAvgDF = iotSSDF.groupBy(window($"ts", "10 minutes", "5 minutes"))
.agg(avg("temperature") as "avg_temp")
```

同时按 <Ctrl+D> 组合键，执行以上代码，输出内容如图 5-5 所示。

图 5-5　创建 10 分钟大小的滑动窗口

在上面的代码中，首先读取温度数据，然后在 ts 列上构造一个长 10 分钟、每 5 分钟进行滑动的滑动窗口，并在这个窗口上执行 groupBy 转换。对于每个滑动窗口，avg() 函数被应用于 temperature 列以计算平均温度。

6）将数据写出到 memory data sink。在 paste 模式下输入以下代码。

```
// 将数据写出到 memory data sink，使用查询名称 iot
val iotMemorySQ = iotAvgDF.writeStream.format("memory").queryName("iot").outputMode("complete").start()
```

同时按 <Ctrl+D> 组合键，执行以上代码，输出内容如图 5-6 所示。

图 5-6　将数据写出到 memory data sink

为了便于检查输出，将 iotAvgDF 写到内存数据接收器（memory data sink）中，并指定它的查询名称为"iot"。然后可以对这个临时表发出 SQL 查询。

7）在 IoT 上执行 SQL 查询并显示数据，以 start 时间排序。在 paste 模式下输入以下代码。

```
// 显示数据，以 start 时间排序
spark.sql("select * from iot").orderBy($"window.start").show(false)
```

同时按 <Ctrl+D> 组合键，执行以上代码，输出结果如图 5-7 所示。

图 5-7 执行 SQL 查询

从实时检测的结果来看，机架的平均温度一直在上升，其中 8:15 ~ 8:25 这 10 分钟内的机架温度最高。

8）停止该流查询，输入以下命令。

```
iotMemorySQ.stop
```

按 <Enter> 键，执行以上代码。

必备知识

结构化流操作直接工作在 DataFrame（或 DataSets）上。流式 DataFrames 是作为 append-only 表实现的。在流数据上的查询返回新的 DataFrame，使用它们就像在批处理程序中一样，如图 5-8 所示。

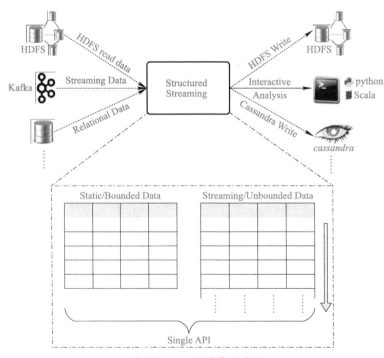

图 5-8 Spark 结构化流图

Spark 结构化流开箱即用地支持所有常用的文件格式，包括文本、CSV、JSON、ORC 和 Parquet。

Spark 结构化流应用程序包括以下主要部分：

1）指定一个或多个流数据源。

2）提供了以 DataFrame 转换的形式操纵传入数据流的逻辑。

3）定义输出模式和触发器（都有默认值，所以是可选的）。

4）最后指定一个将结果写出到的数据接收器（data sink）。

1. 数据源

对于批处理，数据源是驻留在某些存储系统上的静态数据集，如本地文件系统、HDFS 或 S3。结构化流的数据源是完全不同的，它们生产的数据是连续的，可能永远不会结束，而且生产速率也会随着时间而变化。结构化流提供了以下开箱即用的数据源。

1）Kafka 源：要求 Apache Kafka 的版本是 0.10 或更高版本。这是生产环境中最流行的数据源。

2）文件源：文件位于本地文件系统、HDFS 或 S3 上。当新的文件被放入一个目录中时，这个数据源将会把它们挑选出来进行处理。支持常用的文件格式，如文本、CSV、JSON、ORC 和 Parquet。

3）Socket 源：这仅用于测试目的。它从一个监听特定的主机和端口的 socket 上读取 UTF-8 数据。

4）Rate source：这仅用于测试和基准测试。这个源可以被配置为每秒产生许多事件，其中每个事件由时间戳和一个单调递增的值组成。这是学习结构化流时使用的最简单的源。

文件数据源是最容易理解和使用的。前面使用的就是文件数据源。Spark 结构化流开箱即用，支持所有常用的文件格式，包括文本、CSV、JSON、ORC 和 Parquet。在 File 数据源支持的 4 个选项中，只有读取文件的输入目录是必须的。

当新文件被复制到指定的目录中时，File 数据源将会挑出这些文件进行处理。可以配置 File 数据源，以便有选择地只接收固定数量的新文件进行处理。用来指定文件数量的选项是 maxFilesPerTrigger 选项。另外，File 数据源支持设置是否在旧文件之前处理最新的文件，默认行为是处理从最久到最新的文件。当有大量的积压文件需要处理，并且想要首先处理新文件时，这个特殊的选项是有用的，这时可以设置参数 latestFirst 的值为 true。示例代码如下。

```
// 使用 File 数据源，读取 json 文件
val mobileSSDF = spark.readStream.schema(mobileDataSchema).json("<directoryname>")

// 如果我们指定 maxFilesPerTrigger
val mobileSSDF = spark.readStream.schema(mobileDataSchema)
                       .option("maxFilesPerTrigger",5)
                       .json("<directory name>")
```

```
// 如果我们想要首先处理新文件
val mobileSSDF = spark.readStream.schema(mobileDataSchema)
                        .option("latestFirst", "true")
                        .json("<directory name>")
```

2．输出模式

输出模式是一种方法，可以告诉结构流如何将输出数据写入到 sink 中。这个概念对于 Spark 中的流处理来说是独一无二的。输出模式有 3 个选项。

1）append 模式：如果没有指定输出模式，则默认为此模式。在这种模式下，只有追加到结果表的新行才会被发送到指定的输出接收器。自上次触发后在结果表中附加的新行将被写入外部存储器。这仅适用于结果表中的现有行不会更改的查询。

2）complete 模式：整个结果表将被写到输出接收器。

3）update 模式：只有自上次触发后在结果表中更新的行才会被写到输出接收器中。对于那些没有改变的行，它们将不会被写出来。注意，这与 complete 模式不同，因为此模式不输出未更改的行。

3．触发器类型

触发器是另一个需要理解的重要概念。结构化流引擎使用触发器信息来确定何时在流应用程序中运行提供的流计算逻辑。下面介绍不同的触发类型。

1）未指定（默认）。对于默认类型，Spark 将使用微批模型，并且当前一批数据完成处理后，立即处理下一批数据。

2）固定周期。对于这个类型，Spark 将使用微批模型，并基于用户提供的周期处理这批数据。如果因为任何原因导致上一批数据的处理超过了该周期，那么在上一批数据完成处理后，立即处理下一批数据。换句话说，Spark 将不会等到下一个周期区间边界。

3）一次性。这个触发器类型意味着用于一次性处理可用的批数据，并且一旦该处理完成的话，Spark 将立即停止流程序。当数据量特别低时，这个触发器很有用，因此，构建一个集群并每天处理几次数据更划算。

4）持续。这个触发器类型调用新的持续处理模型，该模型是设计用于非常低延迟需求的特定流应用程序的。这是 Spark 2.3 中新的实验性处理模式。

4．Data sink

数据接收器位于与数据源相反的另一端，它们是用来存储流应用程序的输出的。重要的是要认识到哪个 sink 可以支持哪个输出模式，以及它们是否具有容错能力。下面简要介绍每个 sink。

1）Kafka sink：要求 Apache Kafka 的版本是 0.10 或更高版本。有一组特定的设置可以连接到 Kafka 集群。

2）File sink：这是文件系统、HDFS 或 S3 的目的地。支持常用的文件格式，如文本、CSV、JSON、ORC、Parquet。

3）Foreach sink：这是为了在输出中的行上运行任意计算。

4）Console sink：这仅用于测试和调试目的，以及在处理低容量数据时，每个触发器的输出被打印到控制台。

5）Memory sink：这是在处理低容量数据时进行测试和调试的目的。它使用驱动程序的内存来存储输出。

在本项目中使用的是 Memory data sink，主要用于学习和测试，不在生产环境中使用。它收集的数据被发送给驱动程序，并作为内存中的表存储在驱动程序中。在设置 data sink 时，可以指定一个查询名称作为 DataStreamWriter.queryName 函数参数，然后就可以对内存中的表发出 SQL 查询。与 Console data sink 不同的是，一旦数据被发送到内存中的表，就可以使用几乎所有在 Spark SQL 组件中可用的特性进一步分析或处理数据。如果数据量很大，并且不适合内存，那么最好的选择就是使用 File data sink 以 Parquet 格式来写出数据。

下面的样例代码将来自 Rate 数据源的数据写到内存表中，并对其发出查询。

```
// 读取 rate 数据源数据
val ratesDF = spark.readStream
                    .format("rate")
                    .option("rowsPerSecond","10")
                    .option("numPartitions","2")
                    .load()

// 将数据写出到 Memory data sink，内存表名为 "rates"
val ratesSQ = ratesDF.writeStream
                    .outputMode("append")
                    .format("memory")
                    .queryName("rates")
                    .start()

// 针对 "rates" 内存表发出 SQL 查询
spark.sql("select * from rates").show(10,false)

// 统计 "rates" 内存表中的行数
spark.sql("select count(*) from rates").show

// 停止 ratesSQ 查询流
ratesSQ.stop
```

5．应用于事件时间上的滑动窗口聚合

除了固定窗口类型之外，还有另一种称为滑动窗口（Sliding Window）的窗口类型。定义一个滑动窗口需要两个信息，窗口长度和滑动间隔，滑动间隔通常比窗口的长度要小。由于聚合计算在传入的数据流上滑动，因此结果通常比固定窗口类型的结果更平滑。关于滑动窗口，需要注意的一点是，由于重叠的原因，一块数据可能会落入多个窗口，如图 5-9 所示。

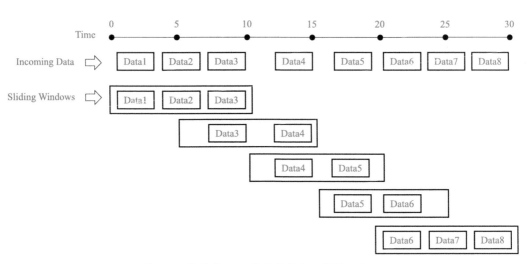

图 5-9　长度为 10、滑动距离为 5 的滑动窗口

项目 2

股票仪表板实现

项目描述

股票仪表板指的是实时显示股票交易信息的程序。在本项目中，使用一个 shell 脚本发送股票交易数据给 Kafka orders 主题。Spark 结构化流处理程序将从这个主题读取交易数据并将计算出的结果写到另一个 Kafka metrics 主题。然后使用 Kafka 的 kafka-console-consumer.sh 脚本来接收并显示结果。处理流程如图 5-10 所示。

图 5-10　项目数据处理流程

任务 1　设置 Kafka

任务分析

在本项目中，Kafka 既是 Spark 流处理程序的数据源，又是 Spark 流处理程序的 data sink。因此，要完成的第一个任务是创建用于发送股票买卖数据和计算结果数据的主题 topic。

Kfaka 自带 topic 主题管理的脚本，包括创建主题和查看主题。在本任务中，使用其自带的 kafka-topics.sh 脚本，通过指定参数 --create 来创建一个名为"orders"主题，用于缓存股票交易（买卖）数据，以及另一个名为"metrics"的主题，用于缓存计算结果数据。如果要查看已经创建的 topic 主题，仍然使用 kafka-topics.sh 脚本，但需要通过 --list 参数来指定。

任务实施

1）下载 Kafka 安装包。

要设置 Kafka，首先需要下载它。下载地址为"http://kafka.apache.org/downloads.html"。注意，要选择与 Spark 版本相兼容的版本。

2）解压缩下载的 Kafka 压缩包到 ~/bigdata/ 目录下。

```
$ cd ~/bigdata
$ tar -xvfz kafka_2.11-0.10.1.0.tgz
```

3）启动 Zookeeper 服务。

Kafka 依赖于 Apache ZooKeeper，所以在启动 Kafka 之前要先启动它。打开一个终端窗口，执行以下命令。

```
$ cd ~/bigdata/kafka_2.11-0.10.1.0
$ ./bin/zookeeper-server-start.sh config/zookeeper.properties &
```

将在 2181 端口启动 ZooKeeper 进程，并让 ZooKeeper 在后台工作。

4）启动 Kafka 服务器。另外打开一个终端窗口，执行以下命令。

```
$ ./bin/kafka-server-start.sh config/server.properties &
```

5）创建用于发送股票买卖数据和计算结果数据的主题 (topic)。另外打开第三个终端窗口，执行以下命令，分别创建 orders 主题和 metrics 主题。

```
$ ./bin/kafka-topics.sh --create --zookeeper localhost:2181 --replication-factor 1 --partitions 1 --topic orders
$ ./bin/kafka-topics.sh --create --zookeeper localhost:2181 --replication-factor 1 --partitions 1 --topic metrics
```

6）查看已有的主题，使用以下的命令。

```
$ ./bin/kafka-topics.sh --list --zookeeper localhost:2181
```

必备知识

Kafka 是一种高吞吐量的分布式发布订阅消息系统，用户通过 Kafka 系统可以发布大量的消息，同时也能实时订阅消费消息。Kafka 可以同时满足在线实时处理和批量离线处理。

在公司的大数据生态系统中，可以把 Kafka 作为数据交换枢纽，不同类型的分布式系统（关系数据库、NoSQL 数据库、流处理系统、批处理系统等），可以统一接入到 Kafka，实现和 Hadoop 各个组件之间的不同类型数据的实时高效交换，如图 5-11 所示。

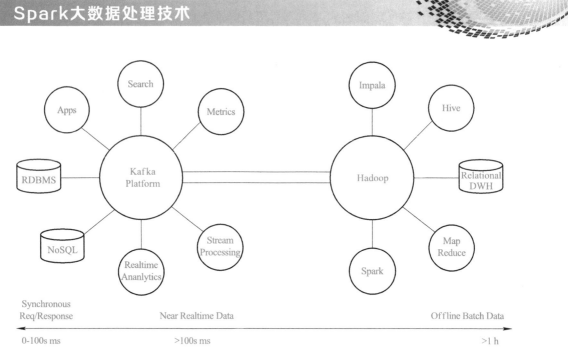

图 5-11　Kafka 组件

Kafka 通常用于构建实时流数据管道，以可靠地在系统之间移动数据，还用于转换和响应数据流。Kafka 作为集群在一个或多个服务器上运行。Kafka 的一些关键概念描述如下。

Topic：消息发布到的类别或流名称的高级抽象。主题可以有 0、1 或多个消费者，这些消费者订阅发布到该主题的消息。用户为每个新的消息类别定义一个新主题。

Producers：向主题发布消息的客户端。

Consumers：使用来自主题的消息的客户端。

Brokers：复制和持久化消息数据的一个或多个服务器。

此外，生产者和消费者可以同时对多个主题进行读写。每个 Kafka 主题都是分区的，写入每个分区的消息都是顺序的。分区中的消息具有一个偏移量，用来唯一标识分区内的每个消息。

主题的分区是分布式的，每个 Broker 处理对分区共享的请求，每个分区在 Brokers（数量可配置的）之间复制，Kafka 集群在一段可配置的时间内保留所有已发布的消息。Apache Kafka 使用 Apache ZooKeeper 作为其分布式进程的协调服务。

任务 2　实现股票交易的流计算代码

任务分析

默认情况下，Kafka 的数据源并不是 Spark 的内置数据源。如果要从 spark shell 使用 Kafka 数据源，则需要在启动 spark shell 时将依赖的 JAR 包添加到 classpath 中。有两种方式可以做到。

1）手动将依赖包添加到 classpath。

首先将 spark-sql-kafka-0-10_2.11-2.3.2.jar 复制到 ~/bigdata/spark-2.3.2/jars/ 目录下，然后启动 spark-shell。

```
# cd ~/bigdata/spark-2.3.2
# ./spark-shell --master spark://localhost:7077
```

2）使用 package 参数让 Spark 下载这些文件。

```
# cd ~/bigdata/spark-2.3.2
# ./spark-shell --master spark://localhost:7077 --packages org.apache.spark:spark-sql-kafka-0-10_2.11:2.3.2
```

在本任务中，股票交易数据会持续不断地发送到 Kafka 的"orders"主题，然后需要编写 Spark 结构化流处理代码，从 Kafka 拉取数据，构造 DataFrame，进行转换和分析，最后将计算得到的结果再发送到 Kafka 的"metrics"主题。

任务实施

1）启动 spark shell。

在启动时添加 Kafka 库和 Spark Kafka 连接器库到类路径。需要使用 package 参数让 Spark 下载这些文件。

```
$ spark-shell --master spark://localhost:7077 --packages org.apache.spark:spark-sql-kafka-0-10_2.11:2.3.2
```

2）读取 Kafka 的"orders"主题数据，构造为 DataFrame，并查看其模式类型。在 spark shell 中交互式执行以下代码（可使用 paste 模式）。

```
val kafkaStreamDF = spark.readStream.
                        format("kafka").
                        option("kafka.bootstrap.servers","localhost:9092").
                        option("subscribe", "orders").
                        option("startingOffsets", "earliest").
                        load()

// 获得 kafkaStreamDF 这个 DataFrame 的 schema：
kafkaStreamDF.printSchema
```

3）因为从 Kafka 中获得的消息内容为二进制类型，所以要将其转换为 String 类型，再从 DataFrame 转为 DataSet[String]。在 spark shell 中交互式执行以下代码（可使用 paste 模式）。

```
val ordersDF = kafkaStreamDF.selectExpr("CAST(value AS STRING) as v").as[String]
```

4）解析从 Kafka 读取到的数据。先定义一个 case class 作为股票交易订单的抽象数据结构。在 spark shell 中交互式执行以下代码（可使用 paste 模式）。

```
import java.sql.Timestamp

// case class 定义 schema
case class Order(time: java.sql.Timestamp,
```

```
                    orderId:Long,
                    clientId:Long,
                    symbol:String,
                    amount:Int,
                    price:Double,
                    buy:Boolean
            )

import java.text.SimpleDateFormat

// 解析从 Kafka 读取到的数据
val orders = ordersDF.flatMap(record => {
    val dateFormat = new SimpleDateFormat("yyyy-MM-dd hh:mm:ss")
    val s = record.split(",")
    try {
        assert(s(6) == "B" || s(6) == "S")
        List(Order(new Timestamp(dateFormat.parse(s(0)).getTime()),s(1).toLong, s(2).toLong, s(3), s(4).
toInt, s(5).toDouble, s(6) == "B"))
    }
    catch {
        case e : Throwable => println(" 错误的行格式 (" + e + "): " + record)
        List()
    }
})
```

5）对解析以后的数据进行抽取和转换。在 spark shell 中交互式执行以下代码（可使用 paste 模式）。

```
// 提取各个字段
val ordersResult = orders.map(o => (o.time,o.orderId,o.clientId,o.symbol,o.amount,o.price,o.buy))

// 转换为 DataFrame，指定列名
val ordersResultDF = ordersResult.toDF("ts","orderId","clientId","symbol","amount","price","buy")
```

6）在"buy"字段上执行聚合操作，统计股票买 / 卖总数量。在 spark shell 中交互式执行以下代码（可使用 paste 模式）。

```
val numPerType = ordersResultDF.groupBy("buy").agg(count("*") as "total")
```

7）将结果写入 Kafka 的"metrics"主题。Kafka 有强制性的要求，发送给 Kafka 的数据必须组织到名为"value"的列中。在 spark shell 中交互式执行以下代码（可使用 paste 模式）。

```
import org.apache.spark.sql.functions._
import org.apache.spark.sql.types.StringType

// 将要写入到 Kafka 的结果重新组织，放在名为 "value" 的列中 (Kafka 的要求 )
val numPerTypeValues = numPerType.select(concat_ws(",", $"buy", $"total").cast(StringType).as("value"))

// 执行
```

```
val sinkQuery = numPerTypeValues.writeStream.
                              outputMode("complete").              // 写出模式
                              format("kafka").                     // 格式
                              option("kafka.bootstrap.servers", "localhost:9092").
                                                                   // kafka 服务器地址
                              option("topic","metrics").           // 要写入的主题
                              option("checkpointLocation", "/ck/streaming_kafka").
                                                                   // 指定检查点
                              start()
```

8）运行流程序。

另外打开一个终端窗口（第 4 个终端窗口），执行脚本 streamOrders.sh。这个脚本会从 orders.txt 文件中流式读取每行内容并发送给 orders Kafka topic（注意，orders.txt 文件要和这个脚本文件在同一目录下）。

```
# chmod +x streamOrders.sh
# ./streamOrders.sh localhost:9092
```

9）另外打开一个终端窗口（第 5 个终端窗口），在这个终端窗口中启动 kafka-console-consumer.sh 脚本，它会消费来自 metrics topic 的消息，查看流程序的输出内容。

```
# ./bin/kafka-console-consumer.sh --zookeeper localhost:2181 --topic metrics
输出结果大致如下：
SELLS, List(12)
BUYS, List(20)

SELLS, List(28)
BUYS, List(21)

SELLS, List(37)
BUYS, List(12)
```

10）等待所有的文件都被处理完后，从 shell 停止运算流。

```
sinkQuery.stop()
```

必备知识

在使用 Kafka 数据源时，流程序实际上充当了 Kafka 的消费者（consumer）。因此，流程序所需要的信息与 Kafka 的消费者所需要的信息相似。有两个必须的信息和一些可选的信息。

这两个必须的信息是一个要连接的 Kafka 服务器的列表，以及一个或多个从其读取数据的主题。为了支持选择从哪个主题和主题分区来读取数据的各种方法，它支持 3 种不同的方式来指定这些信息，只需要选择最适合自身用例的那个即可。关于这两个必须选项的详细信息见表 5-1。

表 5-1　Kafka 必需选项

Option	值	描　　述
kafka.bootstrap.servers	host1:port1, host2:port2	Kafka 服务器列表，以逗号分隔
subscribe	topic1, topic2	这个数据源要读取的主题名列表，以逗号分隔
subscribePattern	topic.*	使用正则模式表示要读取数据的主题，比 subscribe 灵活
assign	{topic1:[1,2], topic2:[3,4]}	指定要读取数据的主题的分区，这个信息必须是 JSON 格式

表 5-2 中列出了一些可选选项，它们都有默认值。

表 5-2　Kafka 可选选项

Option	默 认 值	值	描　　述

startingOffsets	latest	earliest, latest
		每个主题的开始偏移位置，json 格式字符串，例如：
		{
		"topic1":{"0":45, "1":-1},
		"topic2":{"0":-2}
		}
			earliest：意味着主题的开始处
			latest：意味着主题中的任何最新数据
			当使用 JSON 字符串格式时，-2 代表在一个特定分区中的 earliest offset，-1 代表在一个特定分区中的 latest offset

endingOffsets	latest	Latest
		json 格式字符串，例如：
		{
		"topic1":{"0":45, "1":-1},
		"topic2":{"0":-1}
		}
			latest：意味着主题中的最新数据
			当使用 JSON 字符串格式时，-1 代表在一个特定分区中的 latest offset。当然 -2 不适用于此选项

maxOffsetsPerTrigger	none	Long，例如：500	此选项是一种速率限制机制，用于控制每个触发器间隔要处理的记录数量。如果指定了一个值，它表示所有分区的记录总数，而不是每个分区的记录总数

当 Spark 结构化流使用 Kafka 作为数据源时，它返回的 streaming DataFrame 有一个固定的模式，示例代码如下。

|-- key: binary (nullable = true)
|-- value: binary (nullable = true)
|-- topic: string (nullable = true)
|-- partition: integer (nullable = true)
|-- offset: long (nullable = true)
|-- timestamp: timestamp (nullable = true)
|-- timestampType: integer (nullable = true)

其中 value 列包含 Kafka 中每条消息的实际内容，而列类型是二进制的，如图 5-12 所示。

```
+----+--------------------------------------------+-----+---------+------+-----------------------+-------------+
|key |value                                       |topic|partition|offset|timestamp              |timestampType|
+----+--------------------------------------------+-----+---------+------+-----------------------+-------------+
|null|[67 6F 6F 64 20 67 6F 6F 64 20 73 74 75 64 79]|phone|0       |6     |2018-11-20 16:26:41.133|0            |
|null|[64 61 79 20 64 61 79 20 75 70]             |phone|0       |7     |2018-11-20 16:26:41.18 |0            |
+----+--------------------------------------------+-----+---------+------+-----------------------+-------------+
```

图 5-12　Kafka 消息格式

Kafka 并不真正关心每条信息的内容，因此它将信息视为一个二进制的 blob。模式中的其余列包含每条消息的元数据。如果消息的内容在发送给 Kafka 的时候以某种二进制格式序列化，那么这些消息在 Spark 中处理之前需要使用一种方法来对其进行反序列化，可以是 Spark SQL 函数或 UDF。在上面的例子中，内容是一个字符串，所以只需要将其转换为 String 类型。

在从 Kafka 读取消息时有多种不同的方式。下面这个例子包含了一些指定 Kafka 的主题、分区和从 Kafka 读取消息的偏移量的不同的变化方式。

```
// 指定 Kafka topic、partition 和 offset 的各种变化

// 从多个主题读取，使用默认的 startingOffsets 和 endingOffsets
val kafkaDF = spark.readStream.format("kafka").
                              option("kafka.bootstrap.servers","server1:9092,server2:9092").
                              option("subscribe", "topic1,topic2").
                              load()

// 从多个主题读取，使用 subscribePattern
val kafkaDF = spark.readStream.format("kafka").
                              option("kafka.bootstrap.servers","server1:9092,server2:9092").
                              option("subscribePattern", "topic*").
                              load()

// 使用 JSON 格式从一个特定的 offset 读取
// Scala 中的三重引号格式用于转义 JSON 字符串中的双引号
Val kafkaDF = spark.readStream.format("kafka").
                              option("kafka.bootstrap.servers","localhost:9092").
                              option("subscribe", "topic1,topic2").
                              option("startingOffsets", """{"topic1": {"0":51} } """).
                              load()
```

在结构化的流中，将 streaming DataFrame 的数据写入 Kafka 的 data sink，要比从 Kafka 的数据源中读取数据简单得多。Kafka 的 data sink 可以配置为以下 4 个选项，见表 5-3。

表 5-3　Kafka Data Sink 配置选项

Option	值	描　　述
kafka.bootstrap.servers	host1:port1 host2:port2	Kafka 服务器列表，用逗号分隔
topic	topic1	这是单个的主题 (topic) 名称
key	一个字符串，或二进制	这个 key 用来决定一个 Kafka 消息应该被发送到哪个分区，所有具有相同 key 的 Kafka 消息将被发送到同一分区，这是一个可选项
value	一个字符串，或二进制	这是消息的内容。对于 Kafka，它只是一个字节数组，对 Kafka 没有任何意义

其中有 3 个选项是必须的。重点要理解的是 key 和 value，它们与 Kafka 消息的结构有关。

Spark大数据处理技术

Kafka 的数据单元是一个消息，本质上是一个 key-value 对。这个 value 的作用是相当明显的，那就是保存消息的实际内容，而它对 Kafka 没有任何意义。就 Kafka 而言，value 只是一堆字节。然而，key 被 Kafka 认为是一个元数据，它和 value 一起被保存在 Kafka 的信息中。当一个消息被发送到 Kafka 并且一个 key 被提供时，Kafka 将其作为一种路由机制来确定一个特定的 Kafka 消息应该被发送到哪一个分区，按照对该 key 哈希并对 topic 的分区数求余。这意味着所有具有相同 key 的消息都将被路由到同一个分区。如果消息中没有提供 key，那么 Kafka 就不能保证消息被发送到哪个分区，而 Kafka 使用了一个循环算法来平衡分区之间的消息。

提供主题 topic 名称有两种方法。第一种方法是在设置 Kafka data sink 时在配置中提供主题名称，第二种方法是在 streaming DataFrame 中定义一个名为 topic 的列，该列的值将用作主题 topic 的名称。

如果名为 key 的列存在于 streaming DataFrame 中，那么该列的值将用作消息的 key。因为该 key 是一个可选的元数据，所以在 streaming DataFrame 中这一列不是必须的。

另一方面，必须提供 value 值，而 Kafka 的 data sink 则期望在 streaming DataFrame 有一个名为 value 的列。

如果想在流程序执行过程中观察计算结果，那么可以将计算结果写到 console data sink。这个 data sink 非常容易处理，但它不容错，主要用于学习和测试，不在生产环境下使用。它只有两种选项：要显示的行数以及输出太长时是否截断。这些选项都有一个默认值，见表 5-4。

表 5-4　Kafka data sink 配置默认值

Option	默认值	描　　述
numRows	20	在控制台输出的行的数量
truncate	true	当每一行的内容超过 20 个字符时，是否截断显示

下面的例子展示了 console data sink 的用法，并且不使用之前选项的默认值。

```
// 设置一个数据源
val ratesDF = spark.readStream.format("rate").option("rowsPerSecond","10").option("numPartitions","2").load()

// 在控制台显示
val ratesSQ = ratesDF.writeStream.outputMode("append")
                     .format("console")
                     .option("truncate",false)      // 不截断显示
                     .option("numRows",50)          // 每次输出 50 行
                     .start()
```

在了解了有哪些 data sink 之后，还有很重要的一点是要了解每种类型的 data sink 支持哪些输出。关于 data sink 和所支持的输出模式，可参考表 5-5。

表 5-5　Kafka Data Sink 支持的输出模式

sink	支持的输出模式	备　注
File	Append	只支持写出新行，没有更新
Kafka	Append, Update, Complete	
Foreach	Append, Update, Complete	依赖于 ForeachWriter 实现
Console	Append, Update, Complete	
Memory	Append, Complete	不支持 in-place 更新

单\元\小\结

结构化流是 Apache Spark 的第二代流处理引擎。它提供了一种简单的方法来构建容错和可伸缩的流应用程序。本单元涵盖了很多领域，包括流处理领域的核心概念和结构化流的核心部分。

流处理是一个令人兴奋的领域，它可以帮助解决大数据时代的许多新的、有趣的用例。

构建生产环境下的流数据应用程序要比构建批处理数据处理应用程序更具挑战性，因为流数据在理论上是无限的，并且数据到达率和到达顺序具有不可预测性。

为了有效地构建流数据应用程序，必须熟悉流处理领域中的 3 个核心概念，分别是数据传递语义、时间概念和窗口。

现在有很多可供挑选的流处理引擎，常用的有 Apache Flink、Apache Samza、Apache Kafka 和 Apache Spark。

结构化的流处理引擎是为开发人员设计的，目的是构建端到端的流应用程序，可以使用基于 Spark SQL 引擎优化和坚实基础之上的简单编程模型实时地对数据做出反应。

结构化流的独特想法是将流数据视为一个无界的输入表，并且随着一组新数据的到来，将其视为附加到输入表的一组新行。

流查询中的核心组件是数据源、流操作、输出模式、触发器和数据接收器（data sink）。

结构化流提供了一组内置的数据源和数据接收器。内置的数据源是 File、Kafka、Socket 和 Rate。内置的数据接收器是 File、Kafka、Console 和 Memory。

输出模式决定数据如何输出到数据接收器，有 3 个选项：Append、Update 和 Complete。

触发器是一个结构流引擎的机制，用来决定何时运行流计算。有几种选项可供选择：micro-batch、fixed interval micro-batch、one-time micro-batch 和 continuous。最后一个是用于要求毫秒级延迟的场景，它处于 Spark 2.3 的实验状态。

Unit 6

学习单元 6

单元概述

　　本单元包括数据探索和数据准备两个项目。其中，项目1将使用Spark SQL对"2018年6月14日市科技创新委员会创新券受理信息"数据集进行探索性数据分析；项目2则是对该数据集进行数据准备。数据探索和数据准备是数据处理中非常重要的阶段，可以让人们更好地理解数据，以采取正确的方法来实现算法。

学习目标

　　通过本单元的学习，达成以下学习目标：
* 掌握数据探索技术
* 掌握数据整理技术，包括数据整合、数据清洗

数据探索

项目描述

现有"2018 年 6 月 14 日市科技创新委员会创新券受理信息"数据集，存储为 CSV 格式，使用 Spark SQL 对其进行探索性数据分析。

任务 1　环境和数据准备

任务分析

要使用 Spark SQL 对 HDFS 上存储的大数据进行分析，需要启动 HDFS 集群和 Spark 集群，并将要分析的数据集复制到 HDFS 上。使用 Zeppelin notebook 对数据集进行探索性数据分析。

任务实施

（1）启动 HDFS 集群、Spark 集群和 Zeppelin 服务器

在终端窗口中输入以下命令，分别启动 HDFS 集群、Spark 集群和 Zeppelin 服务器。

```
# start-dfs.sh
# cd /data/bigdata/spark-2.3.2
# ./sbin/start-all.sh
# zeppelin-daemon.sh start
```

然后使用 jps 命令查看进程，确保已经正确启动了 HDFS 集群、Spark 集群和 Zeppelin 服务器。

（2）准备实验数据

将本地数据上传至 HDFS 上。在终端窗口中分别执行以下命令上传数据。

```
# hdfs dfs -mkdir -p /data/dataset/
# hdfs dfs -put /data/dataset/batch/2018 年 6 月 14 日市科技创新委员会创新券受理信息 .csv /data/dataset/
```

执行以下命令，查看数据文件是否已经上传到 HDFS 中。

```
# hdfs dfs -ls /data/dataset/
```

必备知识

Exploratory Data Analysis (EDA) 或 Initial Data Analysis (IDA) 是一种数据分析方法，试

图最大限度地洞察数据。包括评估数据的质量和结构，计算汇总或描述性统计，以及绘制适当的图表。它可以揭示底层结构，并建议如何建模。此外，EDA 帮助用户检测数据中的异常值和错误，并决定如何处理这些数据。EDA 能够测试用户的基本假设，发现数据中的集群和其他模式，并识别各种变量之间可能的关系。

任务 2　探索性数据分析

任务分析

在探索性数据分析中研究给定的数据。研究数据意味着统计记录的数量，然后寻找有意义的模式。

任务实施

1）创建 notebook。启动浏览器，访问"http://localhost:9090"，打开 Zeppelin notebook 首页。单击"Create new note"链接创建一个新的笔记本，命名为"analy_demo"，如图 6-1 所示。

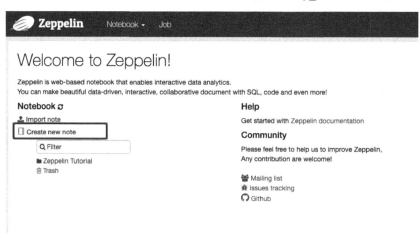

图 6-1　在 Zeppelin 中创建一个 notebook

2）加载数据。在 Zeppelin 中输入以下代码。

```
// 加载数据到 DataFrame
val filePath = "/data/dataset/2018 年 6 月 14 日市科技创新委员会创新券受理信息 .csv"
val df1 = spark.read.option("header","true").option("inferSchema","true").csv(filePath)

// 查看 schema
df1.printSchema

// 查看前 5 条数据
df1.show(5)
```

同时按 <Shift+Enter> 组合键，执行以上代码。输出内容如图 6-2 和图 6-3 所示。

```
root
 |-- ID: integer (nullable = true)
 |-- XH: integer (nullable = true)
 |-- NF: integer (nullable = true)
 |-- SQBH: long (nullable = true)
 |-- QYCKMC: string (nullable = true)
 |-- SQQYLX: string (nullable = true)
 |-- SQJE: integer (nullable = true)
 |-- FFJE: integer (nullable = true)
```

图 6-2　读取数据集的 Schema

```
+---+---+----+---------------+----------------------------+--------+------+----+----+
| ID| XH|  NF|           SQBH|                      QYCKMC|  SQQYLX| SQJE|FFJE|
+---+---+----+---------------+----------------------------+--------+------+----+----+
|  0| 78|2017|201703143000153|           深圳市索源科技有限公司|    中型|  20|  20|
|  1| 79|2017|201703143000154|         深圳市贝德技术检测有限公司|    小型|   5|   5|
|  2| 80|2017|201703143000155|深圳八六三计划材料表面技术研究中心...|    小型|  10|  10|
|  3| 81|2017|201703143000156|           深圳智慧能源技术有限公司|    微型|   5|   5|
|  4| 82|2017|201703143000158|           深圳市奇辉电气有限公司|    小型|  20|  10|
+---+---+----+---------------+----------------------------+--------+------+----+----+
only showing top 5 rows
```

图 6-3　读取到的数据集的前 5 条记录

3）统计共有多少条记录。在 Zeppelin 中输入以下代码。

df1.count

同时按 <Shift+Enter> 组合键执行以上代码。输出内容如图 6-4 所示。

```
res17: Long = 1525
```

图 6-4　统计共有多少条记录

可以看出，这个数据集中共有 1525 条记录。

4）识别缺失值，分析样本数据集中缺少数据字段的记录数量。在 Zeppelin 中输入以下代码。

df1.groupBy("SQJE").count().show
df1.groupBy("FFJE").count().show

同时按 <Shift+Enter> 组合键，执行以上代码。输出内容如图 6-5 所示。

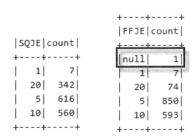

图 6-5　分析样本中缺失值的记录数量

在这里分别对"SQJE"（申请金额）列和"FFJE"（发放金额）列进行判断，看这两

列是否有缺失值。从结果可以看出，"SQJE"列没有缺失值，而"FFJE"列有一个缺失值。

5）找出有缺失值的记录。在 Zeppelin 中输入以下代码。

```
df1.where($"FFJE".isNull).show
// df1.filter($"FFJE".isNull).show    // 等价上一句
```

同时按 <Shift+Enter> 组合键，执行以上代码。输出内容如图 6-6 所示。

```
+----+----+----+---------------+------------------+------+----+----+
| ID| XH| NF|           SQBH|           QYCKMC|SQQYLX|SQJE|FFJE|
+----+----+----+---------------+------------------+------+----+----+
|1524|1525|2017|201703143002750|深圳市亚高斯科技有限公司|   微型|   5|null|
+----+----+----+---------------+------------------+------+----+----+
```

图 6-6 找出有缺失值的记录

由此可知，申请编号 (SQBH) 为"201703143002750"的记录没有发放金额。

6）选择子集。因为不需要 ID 列、XH 列、QYCKMC 列、SQQYLX 列和 SQBH 列，所以将它们舍弃。在 Zeppelin 中输入以下代码。

```
// 只保留 NF( 年份 ) 列、SQJE( 申请金额 ) 列、FFJE( 发放金额 ) 列
val df2 = df1.select('NF,'SQJE,'FFJE)
df2.show(5)
```

同时按 <Shift+Enter> 组合键，执行以上代码。输出内容如图 6-7 所示。

```
+----+----+----+
|  NF|SQJE|FFJE|
+----+----+----+
|2017|  20|  20|
|2017|   5|   5|
|2017|  10|  10|
|2017|   5|   5|
|2017|  20|  10|
+----+----+----+
only showing top 5 rows
```

图 6-7 使用 select 选择数据子集

7）计算一些基本统计信息，以提高对数据的理解，Spark SQL 提供了 describe() 函数。这个函数计算数值列和字符串列的基本统计信息，包括 count、mean、stddev、min 和 max。在 Zeppelin 中输入以下代码。

```
df2.describe().show()
// df2.describe("SQJE","FFJE").show()
```

同时按 <Shift+Enter> 组合键，执行以上代码。输出内容如图 6-8 所示。

```
+-------+------+------------------+------------------+
|summary|    NF|              SQJE|              FFJE|
+-------+------+------------------+------------------+
|  count|  1525|              1525|              1524|
|   mean|2017.0|10.181639344262296| 7.6555118110023622|
| stddev|   0.0| 5.734541350656392|3.69913688889826552|
|    min|  2017|                 1|                 1|
|    max|  2017|                20|                20|
+-------+------+------------------+------------------+
```

图 6-8 使用 describe() 函数计算基本统计信息

8）汇总统计信息，使用 summary() 函数。这个函数为数值列和字符串列计算指定的统计信息。可用的统计信息包括：count、mean、stddev、min、max，以百分比形式指定的任意近似百分位数（如 75%）。如果没有给出参数（即要统计的信息），这个函数将计算 count、mean、stddev、min、近似四分位数（25%、50% 和 75% 的百分位数）和 max。在 Zeppelin 中输入以下代码。

```
// 汇总统计信息
df2.summary().show

// 要对特定列执行摘要，首先选择它们
// df2.select("SQJE","FFJE").summary().show
// df2.select("SQJE","FFJE").summary("count", "min", "25%", "75%", "max").show()
```

同时按 <Shift+Enter> 组合键，执行以上代码。输出内容如图 6-9 所示。

```
+-------+------+------------------+------------------+
|summary|    NF|              SQJE|              FFJE|
+-------+------+------------------+------------------+
|  count|  1525|              1525|              1524|
|   mean|2017.0|10.181639344262296| 7.655511811023622|
| stddev|   0.0| 5.734541350656392|3.69913688898265552|
|    min|  2017|                 1|                 1|
|    25%|  2017|                 5|                 5|
|    50%|  2017|                10|                 5|
|    75%|  2017|                10|                10|
|    max|  2017|                20|                20|
+-------+------+------------------+------------------+
```

图 6-9 使用 summary() 函数计算汇总统计信息

9）计算申请金额列和发放金额列的协方差。在 Zeppelin 中输入以下代码。

```
// 协方差
df1.stat.cov("SQJE","FFJE")
```

同时按 <Shift+Enter> 组合键，执行以上代码。输出内容如图 6-10 所示。

```
res119: Double = 13.085835807409316
```

图 6-10 计算 "SQJE" 和 "FFJE" 两列的协方差

由上面的结果可知，申请金额列和发放金额列的变化趋势一致。通俗地说，申请金额越多，实际发放的金额就越多。

10）下面计算申请金额和发放金额之间的相关性。在 Zeppelin 中输入以下代码。

```
// 相关性
df1.stat.corr("SQJE","FFJE")
```

同时按 <Shift+Enter> 组合键，执行以上代码。输出内容如图 6-11 所示。

```
res122: Double = 0.6162195885061372
```

图 6-11 计算 "SQJE" 和 "FFJE" 两列的相关性

由结果可知，申请金额列和发放金额列是正相关的，而且是显著性相关的（一般相关性在 0.4 ～ 0.7 之间，称为显著性相关）。

11）可以在两个变量之间创建交叉表格或交叉标记，以评估它们之间的相互关系。在
Zeppelin 中输入以下代码。

```
df1.stat.crosstab("SQJE", "FFJE").show
```

同时按 <Shift+Enter> 组合键，执行以上代码。输出内容如图 6-12 所示。

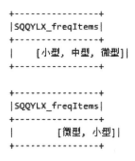

```
+--------+--+---+--+----+----+
|SQJE_FFJE| 1| 10| 20| 5|null|←—— FFJE
+--------+--+---+--+----+----+
|      20| 0|186| 74| 82|   0|
|       5| 0|  0|  0|615|   1|
|       1| 7|  0|  0|  0|   0|
|      10| 0|407|  0|153|   0|
+--------+--+---+--+----+----+
    ↑
   SQJE
```

图 6-12　评估 "SQJE" 和 "FFJE" 两列的相互关系

12）提取数据列中最常出现的项，找出 SQQYLX 列中的频繁项：哪些企业类型申请得
最多。在 Zeppelin 中输入以下代码。

```
df1.stat.freqItems(Seq("SQQYLX")).show
```

```
df1.stat.freqItems(Seq("SQQYLX"),0.5).show        // 第 2 个参数指定阈值
```

同时按 <Shift+Enter> 组合键，执行以上代码。输出内容如图 6-13 所示。

```
+-----------------+
|SQQYLX_freqItems|
+-----------------+
|    [小型，中型，微型]|
+-----------------+

+-----------------+
|SQQYLX_freqItems|
+-----------------+
|        [微型，小型]|
+-----------------+
```

图 6-13　找出 SQQYLX 列中的频繁项

13）使用典型的聚合函数来总结数据，以便更好地理解它。下面按申请企业的类型
(SQQYLX) 进行分类。在 Zeppelin 中输入以下代码。

```
df1.groupBy($"SQQYLX").agg(count("SQJE").as(" 申请数量 "),count("FFJE").as(" 发放数量 "),
            avg("SQJE").as(" 平均申请金额 "),avg("FFJE").as(" 平均发放金额 ")).show
```

同时按 <Shift+Enter> 组合键，执行以上代码。输出内容如图 6-14 所示。

```
+------+-----+-----+------------------+------------------+
|SQQYLX|申请数量|发放数量|          平均申请金额|          平均发放金额|
+------+-----+-----+------------------+------------------+
|  中型|   97|   97|17.216494845360824|17.216494845360824|
|  微型|  643|  642| 8.031104199066874| 4.975077881619938|
|  小型|  785|  785|11.073885350318472| 8.666242038216561|
+------+-----+-----+------------------+------------------+
```

图 6-14　按申请企业的类型（SQQYLX）进行分类

在 Spark SQL 中，DataFrame 上定义了一个 summary() 函数。这个函数将返回 DataFrame 中一列数值的记录的数量（count）、均值（mean）、标准差（stddev）、最小值（min）和最大值（max）。

任务 3　探索性数据可视化

Apache Zeppelin 是一个基于 Web 的工具，支持交互式数据分析和可视化。它支持多种语言解释器，并带有内置的 Spark 集成。使用 Apache Zeppelin 进行探索性数据分析非常简单快捷。

1）首先加载数据，构造 RDD。在 Zeppelin 中输入以下代码。

```
val filePath = "/data/dataset/bank-full.csv"
val bankText = sc.textFile(filePath)
bankText.cache
```

2）创建 case class 来定义 schema 类型。在 Zeppelin 中输入以下代码。

```
// 创建 case class
case class Bank(age:Integer,
                job:String,
                marital:String,
                education:String,
                balance:Integer
        )
```

3）数据提炼。拆分每一行，过滤掉第一行（以 age 开头的标题行），并映射到 Bank case class。在 Zeppelin 中输入以下代码。

```
val bank = bankText.map(s => s.split(";")).filter(s => s(0) != "\"age\"").map(s =>
        Bank(s(0).replaceAll("\"","").replaceAll(" ", "").toInt,
            s(1).replaceAll("\"",""),
            s(2).replaceAll("\"",""),
            s(3).replaceAll("\"",""),
            s(5).replaceAll("\"","").toInt)
        )
```

4）从 RDD 转换为 DataFrame。在 Zeppelin 中输入以下代码。

```
val bankDF = bank.toDF()
bankDF.show(5)
```

同时按 <Shift+Enter> 组合键，执行以上代码。输出内容如图 6-15 所示。

```
+---+------------+-------+---------+-------+
|age|         job|marital|education|balance|
+---+------------+-------+---------+-------+
| 58|  management|married| tertiary|   2143|
| 44|  technician| single|secondary|     29|
| 33|entrepreneur|married|secondary|      2|
| 47| blue-collar|married|  unknown|   1506|
| 33|     unknown| single|  unknown|      1|
+---+------------+-------+---------+-------+
only showing top 5 rows
```

图 6-15　创建的 DataFrame

5）注册临时视图。在 Zeppelin 中输入以下代码。

bankDF.createOrReplaceTempView("bank_tb")

6）执行 SQL 可视化，查看不同年龄段的客户人数。在 Zeppelin 中输入以下代码。

```
%sql
select age,count(age) as total_ages
from bank_tb
where age<30
group by age
order by age
```

同时按 <Shift+Enter> 组合键，执行以上代码，可以看到生成的饼状图，如图 6-16 所示。

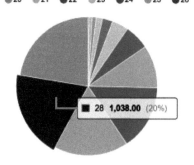

图 6-16　使用饼状图可视化查看不同年龄段的客户人数

还可以创建一个折线图，读取每个绘制点的坐标值，如图 6-17 所示。

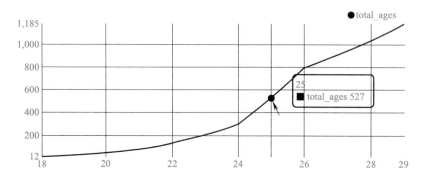

图 6-17　使用折线图可视化查看不同年龄段的客户人数

7）此外，可以创建一个接受输入值的文本框，使体验具有交互性。在下面的图中，创建了一个文本框，可以接受年龄参数的不同值，柱状图也随之更新。在 Zeppelin 中输入以下代码。

```
%sql
select age,count(age) as total_ages
from bank_tb
where age<${maxAge=30}
group by age
order by age
```

同时按 <Shift+Enter> 组合键，执行以上代码，可以看到生成的饼状图，如图 6-18 所示。

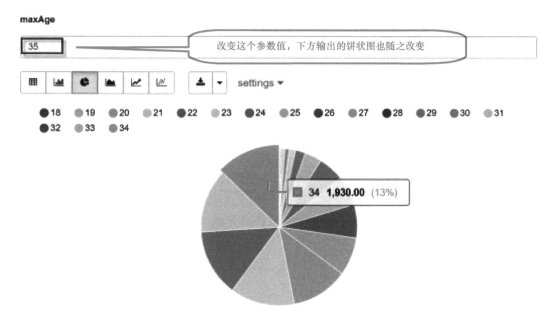

图 6-18　动态输入查询条件，可视化查看不同年龄段的客户人数

8）同样，也可以创建下拉列表，用户可以在其中选择适当的选项。例如，根据婚姻状况的不同显示对应的年龄分布。在 Zeppelin 中输入以下代码。

```
%sql
select age, count(1)
from bank_tb
where marital="${marital=single,single( 未婚 )|divorced( 离婚 )|married( 已婚 )}"
group by age
order by age
```

同时按 <Shift+Enter> 组合键，执行以上代码，可以看到生成的柱状图，如图 6-19 所示。

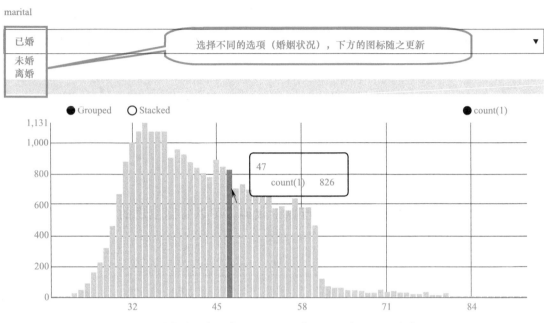

图 6-19　动态选择查询条件，可视化查看不同年龄段的客户人数

必备知识

Apache Zeppelin 是一个开源的基于 Web 的"笔记本"，可实现交互式数据分析和协作文档。Zeppelin 与 Apache Spark 集成在一起，可在浏览器中使用 SQL、Scala、R 或 Python 制作精美、数据驱动的交互式文档。Zeppelin 软件具有以下功能。

* 数据提取
* 数据发掘
* 数据分析
* 数据可视化展示及合作

数据可视化功能方面，一些基本的图表已经包含在 Zeppelin 中。可视化并不只限于 SparkSQL 查询，后端任何语言的输出都可以被识别并可视化。Zeppelin 可以在 notebook 中动态地创建一些输入格式。

任务 4　对数据进行抽样

任务分析

统计人员广泛使用抽样技术进行数据分析。Spark 支持近似和精确的样本生成。近似采样速度更快，而且满足大多数情况。

1）使用 DataFrame/DatasetAPI 进行抽样。下面的代码对银行客户数据进行抽样，并统计样本的大小和样本中每种婚姻类型的客户数量。在 Zeppelin 中输入以下代码。

```
import scala.collection.immutable.Map

// 指定不同婚姻类型的抽样比例
val fractions = Map("unknown" -> .10, "divorced" -> .15, "married" -> 0.5, "single" -> .25)
val dsStratifiedSample = bankDF.stat.sampleBy("marital", fractions, 36L)

// 计算总样本数
dsStratifiedSample.count()

// 计算样本中不同婚姻类型的客户数量
dsStratifiedSample.groupBy("marital").count().orderBy("marital").show()
```

同时按 <Shift+Enter> 组合键，执行以上代码。输出内容如图 6-20 所示。

```
res24: Long = 17577
+--------+-----+
| marital|count|
+--------+-----+
|divorced|  770|
| married|13548|
|  single| 3259|
+--------+-----+
```

图 6-20　对银行客户数据进行抽样

从输出结果中可以看出，抽取的样本总数为 17577，其中离异的样本数为 770，已婚的样本数为 13548，单身的样本数为 3259。

2）下面的代码中使用 DataFrame 上定义的 sample 函数来进行抽样，使用随机种子选择部分行（占总记录的 10%），同时也会列出在样本内每种记录的数量。sample 函数需要以下 3 个参数。

①withReplacement：有放回或无放回抽样（true/false）。

② fraction：要生成的行数的因子（根据所要求的样本量，0 到 1 之间的任意数字）。

③ seed：用于采样的种子（任何随机种子）。

在 Zeppelin 中输入以下代码。

```
// 有放回抽样
val dsSampleWithReplacement = bankDF.sample(true, .10)          // 使用随机种子

// 计算样本总数
dsSampleWithReplacement.count()

// 计算样本中不同婚姻类型的客户数量
dsSampleWithReplacement.groupBy("marital").count().orderBy("marital").show()
```

同时按 <Shift+Enter> 组合键，执行以上代码。输出
内容如图 6-21 所示。

需要注意的是，使用 sample 不能保证提供数据集中
记录总数的准确比例。

```
res31: Long = 4465
+--------+-----+
| marital|count|
+--------+-----+
|divorced|  507|
| married| 2721|
|  single| 1237|
+--------+-----+
```

图 6-21　使用 smaple() 函数进行抽样

必备知识

可以使用 sampleBy 创建无替换（without replacement）分层样本，可以指定要在样本中
选择的每个值的百分比的分数。

任务 5　创建数据透视表

任务分析

数据透视表创建数据的替代视图，通常在数据探索过程中使用。下面的示例将演示如
何使用 Spark DataFrame 进行数据透视。

任务实施

1）以 education 为中心，并按婚姻状况进行统计。在 Zeppelin 中输入以下代码。

```
bankDF.groupBy("marital").pivot("education").agg(count("education")).sort("marital").show()
```

同时按 <Shift+Enter> 组合键，执行以上代码。输出内容如图 6-22 所示。

```
+--------+-------+---------+--------+-------+
| marital|primary|secondary|tertiary|unknown|
+--------+-------+---------+--------+-------+
|divorced|    752|     2815|    1471|    169|
| married|   5246|    13770|    7038|   1160|
|  single|    853|     6617|    4792|    528|
+--------+-------+---------+--------+-------+
```

图 6-22　以 education 为中心，并按婚姻状况进行统计

2）为平均存款余额和平均年龄创建一个具有适当列名的 DataFrame，并将空值填充为
0.0。在 Zeppelin 中输入以下代码。

```
bankDF.groupBy("job").
    pivot("marital", Seq("unknown", "divorced", "married", "single")).
    agg(round(avg("balance"), 2), round(avg("age"), 2)).
    sort("job").na.fill(0).
    toDF("Job", "U-Bal", "U-Avg", "D-Bal", "D-Avg", "M-Bal", "M-Avg", "S-Bal", "S-Avg").
    show()
```

同时按 <Shift+Enter> 组合键，执行以上代码。输出内容如图 6-23 所示。

```
+-------------+-----+-----+-------+-------+-------+-----+-------+-----+
|          Job|U-Bal|U-Avg|  D-Bal|  D-Avg|  M-Bal|M-Avg|  S-Bal|S-Avg|
+-------------+-----+-----+-------+-------+-------+-----+-------+-----+
|       admin.|  0.0|  0.0| 878.33|  43.08|1281.41| 41.5|1020.74| 34.2|
|  blue-collar|  0.0|  0.0| 820.81|  43.49|1113.17|41.55|1056.11|33.55|
| entrepreneur|  0.0|  0.0|1155.98|  45.79|1643.39| 43.1|1248.24|35.39|
|    housemaid|  0.0|  0.0|1573.22|  50.14|1248.17|46.83|2074.74|39.06|
|   management|  0.0|  0.0|1618.07|  45.35|1828.16|42.68|1700.22|34.51|
|      retired|  0.0|  0.0|1507.84|  62.79| 2140.1|61.75|1360.39|55.02|
|self-employed|  0.0|  0.0|2426.35|  45.14|1644.95|42.93|1410.37|33.57|
|     services|  0.0|  0.0|  834.3|   43.0|1088.85|40.69| 887.32|32.87|
|      student|  0.0|  0.0| 1101.0|  34.17| 1164.8|30.94|1403.75|26.22|
|   technician|  0.0|  0.0| 924.05|  43.46| 1307.4|41.85|1283.94|33.92|
|   unemployed|  0.0|  0.0|1409.64|  45.49|1568.63|43.44|1484.08|34.51|
|      unknown|  0.0|  0.0|1706.29|  51.12|1788.13|50.29|1741.79|38.68|
+-------------+-----+-----+-------+-------+-------+-----+-------+-----+
```

图 6-23　为平均存款余额和平均年龄创建的 DataFrame，并将空值填充为 0.0

必备知识

数据透视表（Pivot Table）是一种交互式的表，可以进行某些计算，如求和与计数等。之所以称为数据透视表，是因为可以动态地改变它们的版面布置，以便按照不同方式分析数据，也可以重新安排行号、列标和页字段。数据透视表简单来说就是把明细表进行分类汇总的过程，可以按照不同的组合方式进行数据计算，可以按照不同的维度得到想得到的数据。

数据准备

项目描述

数据质量一直是业界普遍存在的问题。不正确或不一致的数据可能会对分析产生误导。在数据分析中，最难也最花时间的部分就是数据准备。

数据准备是一个非常重要的过程，不仅是对算法来说，还可以让用户更好地理解数据，在实现算法的同时采取正确的方法。

在数据准备阶段，通常需要完成以下几个任务。

* 数据采集
* 数据整合
* 数据清洗
* 数据转换

任务 1   准备环境和测试数据集

要处理的数据存储在 HDFS 之上，使用 Spark 来进行分布式计算。在项目开始阶段，先启动 HDFS 集群、Spark 集群。使用 Zeppelin 进行交互式数据准备工作，还需要启动 Zeppelin 服务器。最后，将准备的测试数据集复制到 HDFS 上。

1）启动 HDFS 集群、Spark 集群和 Zeppelin 服务器。

在终端窗口中输入以下命令，分别启动 HDFS 集群、Spark 集群和 Zeppelin 服务器。

```
# start-dfs.sh
# cd /data/bigdata/spark-2.3.2
# ./sbin/start-all.sh
# zeppelin-daemon.sh start
```

使用 jps 命令查看进程，确保已经正确启动了 HDFS 集群、Spark 集群和 Zeppelin 服务器。

2）准备实验数据。

将本地数据上传至 HDFS。在终端窗口中分别执行以下命令来上传数据。

```
# hdfs dfs -mkdir -p /data/dataset
# hdfs dfs -put /data/dataset/batch/salary.json /data/dataset/
# hdfs dfs -put /data/dataset/batch/designation.json/data/dataset
```

执行以下命令，查看数据文件是否已经上传到 HDFS 中。

```
# hdfs dfs -ls /data/dataset/
```

启动 HDFS 集群使用 start-dfs.sh 脚本。如果 HDFS 集群启动正常，应该可以看到以下 3 个进程，可以使用 jps 命令查看。

* NameNode
* DataNode
* SecondaryNamenode

任务 2　数据整合

任务分析

假设这样的场景：员工数据分散存储在本地的 RDDs、JSON 文件和 SQL 数据库中，需要将这些数据加载到 DataFrame 中。一旦数据从不同的来源获得，就要它们全部合并，以便将数据作为一个整体进行清理、格式化，并转换为分析所需的格式。

任务实施

1）创建 notebook。启动浏览器，访问 "http://localhost:9090"，打开 Zeppelin notebook 首页。单击 "Create new note" 链接创建一个新的笔记本，命名为 "analy_demo"，如图 6-24 所示。

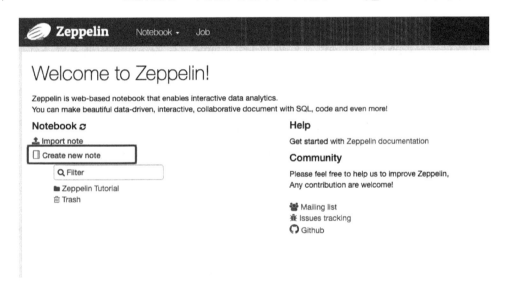

图 6-24　在 Zeppelin 中创建 notebook

2）构造代表员工信息的 DataFrame。在 Zeppelin 中输入以下代码。

```
// 创建一个 RDD 并转换为 DataFrame
val employeesDF = sc.parallelize(List((1, " 陈柯宇 ", 25), (2, " 陶心瑶 ", 35),(3, " 楼一萱 ", 24),
                                      (4, " 张希 ", 28), (5, " 王心凌 ", 26), (6, " 庄妮 ", 35),
                                      (7," 何洁 ", 38), (8, " 成方圆 ", 32), (9, " 孙玉 ", 29),
                                      (10, " 刘珂矣 ", 29),(11, " 林忆莲 ", 28), (12, " 蓝琪儿 ", 25),
                                      (13, " 白安 ",31))).toDF("emp_id","name","age")

employeesDF.show()
```

同时按 <Shift+Enter> 组合键，执行以上代码，输出内容如图 6-25 所示。

3）加载存储有薪资数据的 json 文件创建 DataFrame。在 Zeppelin 中输入以下代码。

```
val salaryFilePath = "/data/dataset/batch/salary.json"
val salaryDF = spark.read.json(salaryFilePath)
salaryDF.show()
```

同时按 <Shift+Enter> 组合键，执行以上代码。输出内容如图 6-26 所示。

```
+------+----+---+
|emp_id|name|age|
+------+----+---+
|     1|陈柯宇| 25|
|     2|陶心瑶| 35|
|     3|楼一菁| 24|
|     4| 张希| 28|
|     5|王心凌| 26|
|     6| 庄妮| 35|
|     7| 何洁| 38|
|     8|成方圆| 32|
|     9| 孙玉| 29|
|    10|刘珂美| 29|
|    11|林忆莲| 28|
|    12|蓝琪儿| 25|
|    13| 白安| 31|
+------+----+---+
```

```
+----+------+
|e_id|salary|
+----+------+
|   1| 10000|
|   2| 12000|
|   3| 12000|
|   4|  null|
|   5|   120|
|   6| 22000|
|   7| 20000|
|   8| 12000|
|   9| 10000|
|  10|  8000|
|  11| 12000|
|  12| 12000|
|  13|120000|
+----+------+
```

图 6-25　创建员工信息 DataFrame　　图 6-26　读取薪资 json 文件，创建 DataFrame

4）加载存储有职务数据的 json 文件创建 DataFrame。在 Zeppelin 中输入以下代码。

```
val designationFilePath = "/data/dataset/batch/designation.json"
val designationDF = spark.read.json(designationFilePath)
designationDF.show()
```

同时按 <Shift+Enter> 组合键，执行以上代码。输出内容如图 6-27 所示。

5）数据整合。组合从各种数据源获得的数据，在 Zeppelin 中输入以下代码。

```
val final_data = employeesDF.join(salaryDF,$"emp_id"===$"e_id").
                      join(designationDF,$"emp_id"===$"id").
                      select("emp_id","name","age","role","salary")
final_data.cache
final_data.show
```

同时按 <Shift+Enter> 组合键，执行以上代码。输出内容如图 6-28 所示。

```
+---+----+
| id|role|
+---+----+
|  1| 合伙人|
|  2| 经理|
|  3| 经理|
|  4| 合伙人|
|  5| 经理|
|  6|高级经理|
|  7|高级经理|
|  8| 经理|
|  9| 经理|
| 10| 合伙人|
| 11| 经理|
| 12| 经理|
| 13| 经理|
+---+----+
```

```
+------+----+---+----+------+
|emp_id|name|age|role|salary|
+------+----+---+----+------+
|     1|陈柯宇| 25| 合伙人| 10000|
|     2|陶心瑶| 35| 经理| 12000|
|     3|楼一菁| 24| 经理| 12000|
|     4| 张希| 28| 合伙人|  null|
|     5|王心凌| 26| 经理|   120|
|     6| 庄妮| 35|高级经理| 22000|
|     7| 何洁| 38|高级经理| 20000|
|     8|成方圆| 32| 经理| 12000|
|     9| 孙玉| 29| 经理| 10000|
|    10|刘珂美| 29| 合伙人|  8000|
|    11|林忆莲| 28| 经理| 12000|
|    12|蓝琪儿| 25| 经理| 12000|
|    13| 白安| 31| 经理|120000|
+------+----+---+----+------+
```

图 6-27　读取职务 json 文件，创建 DataFrame　　图 6-28　整合 3 个 DataFrame

执行两个数据集的连接需要指定两个内容。第一个是连接表达式，它指定来自每个数据集的哪些列应该用于确定来自两个数据集的哪些行将被包含在连接后的数据集中（确定连接列 / 等值列）。第二种是连接类型，它决定了连接后的数据集中应该包含哪些内容。

在 Spark SQL 中所支持的 join 类型见表 6-1。

表 6-1　Spark SQL 中所支持的 join 类型

类　　型	描　　述
内连接（又叫等值连接）	当连接表达式计算结果为 true 时，返回来自两个数据集的行
左外连接	当连接表达式计算结果为 false 时，也返回来自左侧数据集的行
右外连接	当连接表达式计算结果为 false 时，也返回来自右侧数据集的行
外连接	当连接表达式计算结果为 false 时，也返回来自两侧数据集的行
左反连接	当连接表达式计算结果为 false 时，只返回来自左侧数据集的行
左半连接	当连接表达式计算结果为 true 时，只返回来自左侧数据集的行
交叉连接（又名笛卡尔连接）	返回左数据集中每一行和右数据集中每一行合并后的行，行的数量将是两个数据集的乘积

下面使用两个 DataFrame 来演示如何在 Spark SQL 中使用 join 连接。第一个 DataFrame 代表一个员工列表，每一行包含员工姓名和所属部门。第二个 DataFrame 包含一个部门列表，每一行包含一个部门 ID 和部门名称。创建这两个 DataFrame 的代码片段如下。

```
// 员工
case class Employee(first_name:String, dept_no:Long)

val employeeDF = Seq(Employee(" 刘宏明 ", 31),
                    Employee(" 赵薇 ", 33),
                    Employee(" 黄海 ", 33),
                    Employee(" 杨幂 ", 34),
                    Employee(" 楼一萱 ", 34),
                    Employee(" 龙梅子 ", null.asInstanceOf[Int])
                    ).toDF

// 部门
case class Dept(id:Long, name:String)

val deptDF = Seq(Dept(31, " 销售部 "),
                Dept(33, " 工程部 "),
                Dept(34, " 财务部 "),
                Dept(35, " 市场营销部 ")
            ).toDF

// 将它们注册为 view 视图，然后就可以使用 SQL 来执行 join 连接
employeeDF.createOrReplaceTempView("employees")
deptDF.createOrReplaceTempView("departments")
```

任务 3　数据清洗

任务分析

一旦把数据整合到一起，就必须花足够的时间和精力去整理它，然后分析它。这是一个迭代的过程，因为必须验证对数据所采取的操作，并一直持续到对数据质量满意为止。

数据可能存在各种各样的问题，下面将处理一些常见的情况，如缺失值、重复值、转换或格式化（从数字中添加或删除数字，将一个列分割成两个，合并两个列到一个）。

任务实施

（1）缺失值处理

可以删除带有缺失值的行。在 Zeppelin 中输入以下代码。

```
var clean_data = final_data.na.drop()
```

同时按 <Shift+Enter> 组合键，执行以上代码。输出内容如图 6-29 所示。

```
+------+----+---+----+------+
|emp_id|name|age|role|salary|
+------+----+---+----+------+
|     1| 陈柯宇| 25| 合伙人| 10000|
|     2| 陶心瑶| 35| 经理| 12000|
|     3| 楹一萱| 24| 经理| 12000|
|     5| 王心凌| 26| 经理|   120|
|     6| 庄妮| 35|高级经理| 22000|
|     7| 何洁| 38|高级经理| 20000|
|     8| 成方圆| 32| 经理| 12000|
|     9| 孙玉| 29| 经理| 10000|
|    10| 刘珂矣| 29| 合伙人| 8000|
|    11| 林忆莲| 28| 经理| 12000|
|    12| 蓝琪儿| 25| 经理| 12000|
|    13| 白安| 31| 经理|120000|
+------+----+---+----+------+
```

图 6-29　删除带有缺失值的行后的 DataFrame

可以看出，带有缺失值的"emp_id"为 4 的数据已经被删除了。

也可以使用平均值替换缺失值。在 Zeppelin 中输入以下代码。

```
val mean_salary = final_data.select(floor(avg("salary"))).first()(0).toString.toDouble
clean_data = final_data.na.fill(Map("salary" -> mean_salary))
clean_data.show
```

同时按 <Shift+Enter> 组合键，执行以上代码。输出内容如图 6-30 所示。

—— 170 ——

```
mean_salary: Double = 20843.0
clean_data: org.apache.spark.sql.DataFrame = [emp_id: int, name: string ... 3 more fields]
+------+----+---+----+------+
|emp_id|name|age|role|salary|
+------+----+---+----+------+
|     1| 陈柯宇| 25| 合伙人| 10000|
|     2| 周心瑶| 35| 经理| 12000|
|     3| 杨一曹| 24| 经理| 12000|
|     4| 张新| 28| 合伙人| 20843|
|     5| 王心凌| 26| 经理|   120|
|     6| 庄妮| 35|高级经理| 22000|
|     7| 何洁| 38|高级经理| 20000|
|     8| 威方圆| 32| 经理| 12000|
|     9| 孙玉| 29| 经理| 10000|
|    10| 刘珂奕| 29| 合伙人| 8000|
|    11| 林忆莲| 28| 经理| 12000|
|    12| 莹琪儿| 25| 经理| 12000|
|    13| 白安| 31| 经理|120000|
+------+----+---+----+------+
```

用平均值填充缺失值

图 6-30　用平均值来填充缺失值

（2）异常值处理

删除包含离群值的行，或者用均值替代方法。下例为识别异常值并用均值替代。在 Zeppelin 中输入以下代码。

```
// 计算每一行的偏差
val devs = clean_data.select((($"salary" - mean_salary) * ($"salary" - mean_salary)).alias("deviation"))

// 计算标准偏差
val stddev = devs.select(sqrt(avg("deviation"))).first().getDouble(0)

// 用平均工资替换超过两个标准差范围内的异常值 (UDF)
val outlierfunc = udf((value: Long, mean: Double) => {
    if (value > mean+(2*stddev) || value < mean-(2*stddev))
        mean
    else
        value
})
val no_outlier = clean_data.withColumn("updated_salary",outlierfunc(col("salary"),lit(mean_salary)))

// 观察修改后的值
no_outlier.filter($"salary" =!= $"updated_salary").show()
```

同时按 <Shift+Enter> 组合键，执行以上代码。输出内容如图 6-31 所示。

```
+------+----+---+----+------+--------------+
|emp_id|name|age|role|salary|updated_salary|
+------+----+---+----+------+--------------+
|    13| 白安| 31| 经理|120000|       20843.0|
+------+----+---+----+------+--------------+
```

图 6-31　找出数据集中的异常值

可以看出 "emp_id" 为 13 的记录中，薪资列属于异常值，用平均工资来代替它。

（3）重复值处理

在数据集中处理重复记录有不同的方法，既可以删除重复的行，也可以基于某列的子集删除重复的行。在 Zeppelin 中输入以下代码。

```
// 删除重复的行
// val no_outlier_no_duplicates = no_outlier.dropDuplicates()
// no_outlier_no_duplicates.show

// 也可基于某列的子集删除重复的行
val test_df = no_outlier.dropDuplicates("role").show
```

同时按 <Shift+Enter> 组合键，执行以上代码。输出内容如图 6-32 所示。

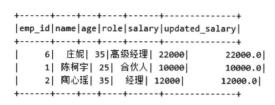

图 6-32　删除重复值

可以看出，当基于"role"列删除重复的行时，每种 role 值只保留一个。

必备知识

1. 缺失值处理

处理缺失值有很多种方法。一种方法是删除包含缺失值的行。有可能是某一行仅某个列有缺失值，就要把该行删除。或者对于不同的列可能有不同的策略，比如，只要该行缺失值的总数在一个阈值之内，就保留这一行。还有一种方法是用一个常量替换 null 值，比如数值变量的平均值。

总的来说，缺失值的处理有以下 3 种方式。

1）删除：df.na.drop()，等价于 df.na.drop("any")。如果是 df.na.drop("all")，则意思是删除所有列都有 null 值的行。另外也可以指定列名，例如，df.na.drop(Array(" 列名 "))。

2）填充：使用 fill 函数，将 null 或 NaN 值替换为一个常量。例如，df.na.fill(Map(" 列名 "-> 填充值))。

3）替换：对不同的列上的空值，使用不同的新值进行替换，通过 df.na.replace 函数来指定。例如，df.na.replace(Array(" 列名 1", " 列名 2"), Map(旧值 -> 新值))。

2. 异常值处理

异常值也称为离群值。简单地说，一个离群值是一个数据点，它与其他数据点没有相同的特征。此外，也可以有单变量的异常值，也可以有多变量的异常值（这里主要讨论单变量异常值）。

为了处理异常值，必须首先查看是否有异常值。发现和找到异常值的方法有多种，例如，汇总统计和绘图技术。一旦找到了离群值，就可以删除包含离群值的行，或者使用平均值来替换异常值，或者根据自己的情况做一些更相关的事情。

3．重复值处理

在数据集中处理重复记录有不同的方法。

任务 4　数 据 转 换

任务分析

存在有各种各样的数据转换需求，这里将讨论一些基本类型的转换，如下所示。

1）将两列合并成一列。

2）将字符/数字添加到现有的字符/数字。

3）从现有的字符/数字中删除或替换字符/数字。

4）更改日期的格式。

任务实施

1）将 name 和 age 两列合并成一个新的列。在 Zeppelin 中输入以下代码。

```
// 创建一个 udf 来连接两个列值
val concatfunc = udf((name: String, age: Integer) => {name + "_" + age})

// 应用该 udf 来创建合并的列
val concat_df = final_data.withColumn("name_age",concatfunc($"name", $"age"))

// 显示
concat_df.show
```

同时按 <Shift+Enter> 组合键，执行以上代码。输出内容如图 6-33 所示。

```
+------+----+---+------+------+--------+
|emp_id|name|age|role|salary|name_age|
+------+----+---+------+------+--------+
|     1|陈柯宇| 25| 合伙人| 10000|  陈柯宇_25|
|     2|陶心瑶| 35|  经理| 12000|  陶心瑶_35|
|     3|楷一曾| 24|  经理| 12000|  楷一曾_24|
|     4| 张希| 28| 合伙人|  null|   张希_28|
|     5|王心凌| 26|  经理|   120|  王心凌_26|
|     6| 庄妮| 35|高级经理| 22000|   庄妮_35|
|     7| 何洁| 38|高级经理| 20000|   何洁_38|
|     8|成方圆| 32|  经理| 12000|  成方圆_32|
|     9| 孙玉| 29|  经理| 10000|   孙玉_29|
|    10|刘珂矣| 29| 合伙人|  8000|  刘珂矣_29|
|    11|林忆莲| 28|  经理| 12000|  林忆莲_28|
|    12|蓝琪儿| 25|  经理| 12000|  蓝琪儿_25|
|    13| 白安| 31|  经理|120000|   白安_31|
+------+----+---+------+------+--------+
```

图 6-33　将两列合并为一列

可以看出，在上面的转换中，将"name"列和"age"列合并成一个"name_age"列。

2）将字符 / 数字添加到现有的字符 / 数字。在 Zeppelin 中输入以下代码。

```
// 向数据添加常量
val addconst = udf((age:Integer) => {age + 10})
val data_new = concat_df.withColumn("age_incremented",addconst(col("age")))
data_new.show
```

同时按 <Shift+Enter> 组合键，执行以上代码。输出内容如图 6-34 所示。

```
+------+----+---+------+------+--------+---------------+
|emp_id|name|age|role|salary|name_age|age_incremented|
+------+----+---+------+------+--------+---------------+
|     1|陈柯宇| 25| 合伙人| 10000|  陈柯宇_25|             35|
|     2|陶心瑶| 35|  经理| 12000|  陶心瑶_35|             45|
|     3|楷一营| 24|  经理| 12000|  楷一营_24|             34|
|     4| 张希| 28| 合伙人|  null|   张希_28|             38|
|     5|王心凌| 26|  经理|   120|  王心凌_26|             36|
|     6| 庄妮| 35|高级经理| 22000|   庄妮_35|             45|
|     7| 何洁| 38|高级经理| 20000|   何洁_38|             48|
|     8|成方圆| 32|  经理| 12000|  成方圆_32|             42|
|     9| 孙玉| 29|  经理| 10000|   孙玉_29|             39|
|    10|刘珂炅| 29| 合伙人|  8000|  刘珂炅_29|             39|
|    11|林忆莲| 28|  经理| 12000|  林忆莲_28|             38|
|    12|蓝琪儿| 25|  经理| 12000|  蓝琪儿_25|             35|
|    13| 白安| 31|  经理|120000|   白安_31|             41|
+------+----+---+------+------+--------+---------------+
```

图 6-34 从已有的列运算而得新的列

当基于一个列中已经存在的值追加新的列时，如果新列与旧列同名，则会覆盖旧列。在 Zeppelin 中输入以下代码。

```
concat_df.withColumn("age",addconst(col("age"))).show
```

同时按 <Shift+Enter> 组合键，执行以上代码。输出内容如图 6-35 所示。

```
+------+----+---+------+------+--------+
|emp_id|name|age|role|salary|name_age|
+------+----+---+------+------+--------+
|     1|陈柯宇| 35| 合伙人| 10000|  陈柯宇_25|
|     2|陶心瑶| 45|  经理| 12000|  陶心瑶_35|
|     3|楷一营| 34|  经理| 12000|  楷一营_24|
|     4| 张希| 38| 合伙人|  null|   张希_28|
|     5|王心凌| 36|  经理|   120|  王心凌_26|
|     6| 庄妮| 45|高级经理| 22000|   庄妮_35|
|     7| 何洁| 48|高级经理| 20000|   何洁_38|
|     8|成方圆| 42|  经理| 12000|  成方圆_32|
|     9| 孙玉| 39|  经理| 10000|   孙玉_29|
|    10|刘珂炅| 39| 合伙人|  8000|  刘珂炅_29|
|    11|林忆莲| 38|  经理| 12000|  林忆莲_28|
|    12|蓝琪儿| 35|  经理| 12000|  蓝琪儿_25|
|    13| 白安| 41|  经理|120000|   白安_31|
+------+----+---+------+------+--------+
```

图 6-35 新列的值覆盖旧列

3）从现有的字符 / 数字中删除或替换字符 / 数字。在 Zeppelin 中输入以下代码。

```
// 替换一个列中的值
final_data.na.replace("role",Map(" 合伙人 " -> " 同事 ")).show
```

同时按 <Shift+Enter> 组合键，执行以上代码。输出内容如图 6-36 所示。

```
+------+----+---+----+------+
|emp_id|name|age|role|salary|
+------+----+---+----+------+
|     1| 陈柯宇| 25| 同事| 10000|
|     2| 陶心瑶| 35| 经理| 12000|
|     3| 楼一萱| 24| 经理| 12000|
|     4| 张希| 28| 同事|  null|
|     5| 王心凌| 26| 经理|   120|
|     6| 庄妮| 35|高级经理| 22000|
|     7| 何洁| 38|高级经理| 20000|
|     8| 成方圆| 32| 经理| 12000|
|     9| 孙玉| 29| 经理| 10000|
|    10| 刘珂矣| 29| 同事|  8000|
|    11| 林忆莲| 28| 经理| 12000|
|    12| 蓝琪儿| 25| 经理| 12000|
|    13| 白安| 31| 经理|120000|
+------+----+---+----+------+
```

图 6-36　数值替换

注：如果在 replace 中列名参数是 "*"，那么替换将应用到所有的列。

4）更改日期的格式。在 Zeppelin 中输入以下代码。

```scala
// 日期转换
// 构造数据集
case class Book (title: String, author: String, pubtime: String)
val books = Seq(Book(" 浮生六记 ","[ 清 ] 沈复 ","2018/7/1"),
                Book(" 云边有个小卖部 "," 张嘉佳 ","2018/07/12"),
                Book(" 菊与刀 ","[ 美 ] 本尼迪克特 ",null),
                Book(" 苏菲的世界 "," 乔斯坦·贾德 ","2017,10 12 "),
                Book(" 罗生门 ",null,null)
            )

val ds1 = sc.parallelize(books).toDS()

// 定义 udf: 将传入的字符串转换成 YYYY-MM-DD 格式
def toDateUDF = udf((s: String) => {
    var (year, month, day) = ("","","")

    // 格式化日期
    if(s != null) {
        var x = s.split(" |/|,")    // 拆分
        year = "%04d".format(x(0).toInt)
        month = "%02d".format(x(1).toInt)
        day = "%02d".format(x(2).toInt)

        year + "-" + month + "-" + day
    } else {
        null
    }
})

// 应用 udf 并将日期字符串转换为标准的形式 YYYY-MM-DD
ds1.withColumn("pubtime",toDateUDF(ds1("pubtime"))).show
```

同时按 <Shift+Enter> 组合键，执行以上代码。输出内容如图 6-37 所示。

```
+-------+-------+----------+
| title| author|  pubtime|
+-------+-------+----------+
|  浮生六记|   [清]沈复|2018-07-01|
|云边有个小卖部|    张嘉佳|2018-07-12|
|   菊与刀|[美]本尼迪克特|      null|
|  苏菲的世界| 乔斯坦·贾德|2017-10-12|
|   罗生门|   null|      null|
+-------+-------+----------+
```

图 6-37 转换日期格式

在原始数据中日期列有许多不同格式的数据，需要将所有不同的日期格式标准化成一种格式。要做到这一点，首先必须创建一个用户定义的函数（udf），它可以处理不同的格式，并将不同的日期格式转换为一种通用格式。

必备知识

数据经过集成、清理与规约等步骤后，很可能要将数据进行标准化、离散化、分层化。这些方法有些能够提高模型拟合的程度，有些能够使得原始属性被更抽象或更高层次的概念代替。这些方法统一可以称为数据转换。

数据转换的方法有下面 3 种。

1）数据标准化（Data Standardization）：将数据按比例缩放，使数据都落在一个特定的区间。

2）数据离散化（Data Discretization）：将数据用区间或者类别的概念替换。

3）数据泛化（Data Generalization）：将底层数据抽象到更高的概念层。

任务拓展

下面是一个简单的数据清洗的示例。通过本示例的练习，进一步掌握使用 Spark 对大数据进行清洗的方法。

1）首先构造一个带缺失值的 Dataset。在 Zeppelin 中输入以下代码。

```
// 定义 case class 类
case class Author (name: String, dynasty: String, dob: String)

val authors = Seq(Author(" 曹雪芹 "," 清代 ",null),
                  Author(" 施耐庵 "," 元末明初 ","1296 年 "),
                  Author(" 罗贯中 "," 元末明初 ",null),
                  Author(" 吴承恩 ",null,null)
                  )

val ds1 = sc.parallelize(authors).toDS()
ds1.show()
```

同时按 <Shift+Enter> 组合键，执行以上代码。输出内容如图 6-38 所示。

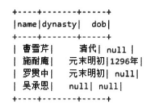

图 6-38　构造一个 Dataset

2）删除带有缺失值的行。在 Zeppelin 中输入以下代码。

ds1.na.drop().show()

同时按 <Shift+Enter> 组合键，执行以上代码。输出内容如图 6-39 所示。

```
+----+-------+-----+
|name|dynasty|  dob|
+----+-------+-----+
| 施耐庵|   元末明初|1296年|
+----+-------+-----+
```

图 6-39　删除带有缺失值的行

3）删除带有至少两个缺失值的行。在 Zeppelin 中输入以下代码。

ds1.na.drop(minNonNulls = ds1.columns.length - 1).show()

同时按 <Shift+Enter> 组合键，执行以上代码。输出内容如图 6-40 所示。

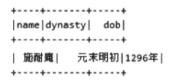

图 6-40　删除带有至少两个缺失值的行

4）使用一个给定的字符串填充所有缺失的值。在 Zeppelin 中输入以下代码。

ds1.na.fill(" 不详 ").show()

同时按 <Shift+Enter> 组合键，执行以上代码。输出内容如图 6-41 所示。

```
+----+-------+-----+
|name|dynasty|  dob|
+----+-------+-----+
| 曹雪芹|     清代| 不详|
| 施耐庵|   元末明初|1296年|
| 罗贯中|   元末明初|   不详|
| 吴承恩|     不详|   不详|
+----+-------+-----+
```

图 6-41　使用一个给定的字符串填充所有缺失的值

5）在不同列使用不同的字符串填充缺失值。在 Zeppelin 中输入以下代码。

ds1.na.fill(Map("dynasty"->"--", "dob"->" 不详 ")).show()

同时按 <Shift+Enter> 组合键，执行以上代码。输出内容如图 6-42 所示。

```
+----+-------+-----+
|name|dynasty|  dob|
+----+-------+-----+
| 曹雪芹|     清代| 不详 |
| 施耐庵|   元末明初|1296年|
| 罗贯中|   元末明初|   不详|
| 吴承恩|     --|  不详|
+----+-------+-----+
```

图 6-42　在不同列使用不同的字符串填充缺失值

6）删除重复的值。在 Zeppelin 中输入以下代码。

```
val authors = Seq(Author(" 曹雪芹 "," 清代 ",null),
                  Author(" 曹雪芹 "," 清代 ",null),
                  Author(" 施耐庵 "," 元末明初 ","1296 年 "),
                  Author(" 曹雪芹 "," 清朝 ",null),
                  Author(" 罗贯中 "," 元末明初 ",null),
                  Author(" 吴承恩 ",null,null)
                 )

val ds1 = sc.parallelize(authors).toDS()
ds1.show()

// 删除重复的行
ds1.dropDuplicates().show()
```

同时按 <Shift+Enter> 组合键，执行以上代码。输出内容如图 6-43 所示。

```
+----+-------+-----+          +----+-------+-----+
|name|dynasty|  dob|          |name|dynasty|  dob|
+----+-------+-----+          +----+-------+-----+
| 曹雪芹|     清代| null|          | 曹雪芹|     清朝| null|
| 曹雪芹|     清代| null|          | 罗贯中|   元末明初| null|
| 施耐庵|   元末明初|1296年|          | 曹雪芹|     清代| null|
| 曹雪芹|     清朝| null|          | 吴承恩|   null| null|
| 罗贯中|   元末明初| null|          | 施耐庵|   元末明初|1296年|
| 吴承恩|   null| null|          +----+-------+-----+
+----+-------+-----+
```

图 6-43　删除重复的值

7）基于一个列的子集删除重复。在 Zeppelin 中输入以下代码。

```
ds1.dropDuplicates("name").show()
```

同时按 <Shift+Enter> 组合键，执行以上代码。输出内容如图 6-44 所示。

```
+----+-------+-----+
|name|dynasty|  dob|
+----+-------+-----+
| 罗贯中|   元末明初| null|
| 吴承恩|   null| null|
| 施耐庵|   元末明初|1296年|
| 曹雪芹|     清代| null|
+----+-------+-----+
```

图 6-44　基于一个列的子集删除重复数据

8）基于一个子集删除重复。在 Zeppelin 中输入以下代码。

```
ds1.dropDuplicates(Array("dynasty","dob")).show()
```

同时按 <Shift+Enter> 组合键，执行以上代码。输出内容如图 6-45 所示。

```
+----+-------+-----+
|name|dynasty|  dob|
+----+-------+-----+
| 罗贯中|   元末明初| null|
| 吴承恩|   null| null|
| 施耐庵|   元末明初|1296年|
| 曹雪芹|     清代| null|
| 曹雪芹|     清朝| null|
+----+-------+-----+
```

图 6-45　基于一个子集删除重复数据

单\元\小\结

　　基于不同的业务需求有不同的处理问题的方法，但是没有适合所有可能场景的统一标准流程。一个典型的流程工作流可以概括为一个循环，这个循环包括制订问题、探索、假设、验证假设、分析结果。从数据的角度来看，工作流包括数据采集、预处理、数据挖掘、建模和结果通信，分析和可视化可能发生在每个阶段。

　　在整个生命周期中，最重要的事情是确定问题，接下来是分析可能包含该问题答案的数据。首要任务是根据问题的不同从一个或多个数据源收集正确的数据。因此，企业经常会维护一个数据湖，在数据湖中以原始的格式存储大量数据。

　　下一步任务是将数据清理 / 转换成所需的格式。数据清理也叫数据再加工、数据整理、数据挖掘。这涉及数据质量评估，对缺失值和离群值进行处理等活动。可能还需要对数据进行聚合 / 绘制，以便更好地理解数据。这一过程被认为是最耗时的一步，它被认为是预处理（以及其他活动，如特征提取和数据转换）的一部分。

参考文献

[1] 陆嘉恒. Hadoop 实战 [M]. 2 版. 北京：机械工业出版社，2012.

[2] WHITE T. Hadoop 权威指南：中文版 [M]. 曾大聃，周傲英，译. 北京：清华大学出版社，2010.

[3] 黄宜华，苗凯翔. 深入理解大数据：大数据处理与编程实践 [M]. 北京：机械工业出版社，2014.

[4] KARAU H，KONWINSKI A，WENDELL P，等. Spark 快速大数据分析 [M]. 王道远，译. 北京：人民邮电出版社，2015.